C#で学ぶ
偏微分方程式の
数値解法

CAEプログラミング入門

平瀬創也 【著】

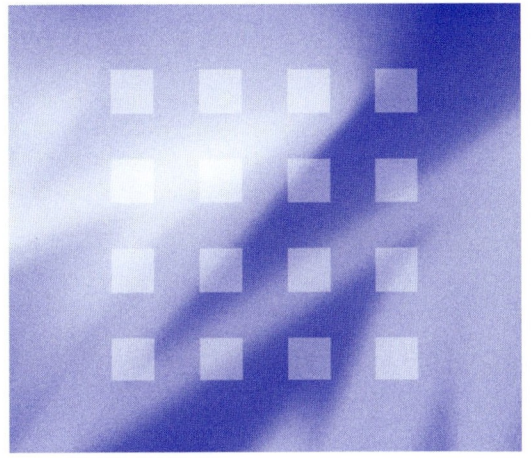

東京電機大学出版局

- 本書に記載されている会社名，製品名は各社の登録商標または商標です。
- 本文中では，TMおよび®マークは明記していません。

はじめに

　本書の目的は，偏微分方程式の代表的な数値解法である有限差分法，有限体積法，有限要素法を，平易な解説と実践的なプログラムを通して，効率良く学ぶことにあります．プログラミング言語には言語仕様が平明で，開発環境が無償で提供されている C# を採用しました．「時間をかけて習得しなければならないなら，できれば就職してから役に立つプログラミング言語で勉強したい．」あるいは，「プログラミング言語の習得にはなるべく時間を割きたくないけれど，実際にプログラムを動作させて体験的に学習したい．」と考える学生，および社会人の皆様の要望に本書は応えることができると思います．

　一方で，開発容易性を重視するあまり，プログラムの実行速度を犠牲にしてしまっては，研究や開発用途としては物足りないというのも事実です．C# のもう 1 つの特徴は，同じ .NET 言語である C++/CLI を経由して，従来の C/C++ で記述されたライブラリを容易に利用できる点にあります．本書では，線形代数ライブラリ LAPACK (http://www.netlib.org/lapack) を C 言語に移植した CLAPACK を例にとり，実際に C# から利用する方法についても解説しています．なお，CLAPACK を利用して行列計算を行う .NET ライブラリおよび本書に掲載されたプログラムはすべてインターネットからダウンロードできるので，プログラミングにかける労力を最小限にして数値解法に集中したい，という方も安心して本書を手に取っていただくことができます．

　筆者の経験を振り返ってみますと，数値解法を勉強する際には，ある数式につかまって立ち往生してしまうよりは「えいやっ」と一時的に目をつぶってでも先へと進んでみる思い切りの良さが必要になる場合があります．そのような考えから，

本書は結果を得るまでの筋道がわかりやすくなるような説明を心掛けましたが，反面，個々の数学的な操作の説明についてはいささか生煮えのままとなってしまっている部分があります．本書を読み終えると，数学的な背景を知りたくなる箇所が多く出てくると思います．そのようなときには，ぜひ，今まで難しいと感じていた教科書を開いてみてください．そのような教科書が思いのほか読みやすくなっていると感じていただけたならば，本書の目的は十二分に達成されたと考える次第です．

2009 年 6 月

平瀬　創也

本書に掲載されているプログラムについて

　本書に掲載されているプログラムは，下記のホームページよりダウンロードできます。

【ホームページアドレス】
http://www.codeplex.com/pdeprgm

　ダウンロードの際にラインセンス条項が表示されますのでお読みいただき，同意の上ご利用ください。提供されるプログラムはバグの修正，可読性の向上などのために予告なく変更されることがあります。そのため本書の内容と必ずしも一致しない場合があることをご理解ください。

　このホームページは，マイクロソフト社が運営する共有ソースおよびオープンソース・プロジェクトのためのコミュニティ構築ウェブサイト上にあり，著者が管理しています。ご質問等は，ホームページ内にある「お問い合わせ」欄の連絡先までお送りください。

　なお，本プログラムの利用によるいかなる損害に対しても著者ならびに東京電機大学出版局は一切の責任を負いません。

目次

第1章　数値解法の基礎　　1
1.1　数値解法の用途 ……………………………………………… 2
1.2　熱伝導の方程式 ……………………………………………… 3
1.3　偏微分方程式の分類 ………………………………………… 6

第2章　数値解法プログラミングの準備　　8
2.1　なぜC#で数値解法か ……………………………………… 8
2.2　C#プログラムの実行 ……………………………………… 11
2.3　出力結果のグラフ表示 ……………………………………… 14
2.4　連立1次方程式の計算 ……………………………………… 15
2.5　3重対角行列の計算 ………………………………………… 19
2.6　オブジェクト指向プログラミング ………………………… 21

第3章　有限差分法　　25
3.1　差分法 ………………………………………………………… 25
3.2　陽解法 ………………………………………………………… 27
3.3　陰解法 ………………………………………………………… 31
3.4　クランク・ニコルソン法 …………………………………… 36
3.5　フォン・ノイマンの安定性解析 …………………………… 37
3.6　境界条件 ……………………………………………………… 40
3.7　一様でない領域 ……………………………………………… 43

3.8	非線形問題	45
3.9	ADI 法	46
3.10	1 次元移流方程式	55

第4章　有限体積法 64

4.1	コントロール・ボリューム	64
4.2	境界条件	66
4.3	1 次元ポアソン方程式	67
4.4	1 次元拡散方程式	70
4.5	2 次元ポアソン方程式	72
4.6	直接法による計算	73
4.7	反復法による計算	80
4.8	1 次元定常移流拡散方程式	87

第5章　有限要素法 98

5.1	重み付き残差法	98
5.2	基底関数	101
5.3	局所座標系	102
5.4	数値積分	105
5.5	行列の組立て	106
5.6	境界条件	107
5.7	1 次元ポアソン方程式	108
5.8	1 次元拡散方程式	116
5.9	2 次元ポアソン方程式	124

付録A　実行時間の測定 135

A.1	プログラム内の実行時間の測定	135
A.2	異なる言語の実行時間の比較	135

付録B　メモリ使用量の測定　　138
　B.1　API によるメモリ使用量の測定 138
　B.2　CLR Profiler の利用 139

付録C　ネイティブ・ライブラリの利用　　141
　C.1　CLAPACK の利用 141
　C.2　インテル C++ コンパイラによる高速化 147

付録D　アニメーションのつくり方　　162

参考文献　　165

索引　　166

第1章

数値解法の基礎

　数値解法の本の冒頭で，数値解法とは何か，を述べるのは，まだ海を見たことのない人に，海とは何か，を説明するのに似ているかもしれません。「海の水は塩辛い。」というのと同じように，「数値解法では数学が出てくる。」ということができますし，「海の中では，歩くより泳いだほうがよい。」というのと同じように，「数値解法では，手で計算するより，コンピュータで計算したほうがよい。」ということができます。また，「海は，地球の地表の塩水で覆われた部分のことだ。」というのと，「数値解法は，解析的に解くことが困難または不可能な偏微分方程式を近似的に解く方法のことだ。」というのとは，どこか似ているように思えます。

　このように，"海"を言葉で端的に説明することは困難であるように思われるわけですが，この説明が実は，"海の家"で行われている状況を想像してみたらどうでしょうか。その場に居合わせた人ならば，「もう目の前に海があるのだから，見て，入ってみたら？」と助言せずにはいられないのではないでしょうか。コンピュータを目の前にして，数値解法とは何か，を考えるのはそういう状況に似ています。しかもそのコンピュータがインターネットに接続されていて，読者の方にプログラミングの経験があるならば，すでに水着を着て，ビーチサンダルを履いているといっても過言ではないでしょう。

　しかしながら，姿格好が準備万端というだけで，いきなり飛び込んでしまうと，後から「何で泳いでるんだっけ？」と思う日が

来ないとも限りません。また，この先へと読み進めようか，迷っている方もいるかもしれませんので，この章では，数値解法で何ができるようになるのかということと，基本的な用語，本書で扱う方程式について説明したいと思います。

1.1 数値解法の用途

　物理学，生物学，化学，経済学に限らず，多くの数理モデルは偏微分方程式の形で表現されますが，解析解を求めることは多くの場合，困難または不可能です。ここでいう解析解とは，解析学に基づいて得られる解のことで，厳密解とも呼ばれます。一方，数値解法により得られる解は，数値解または近似解と呼ばれます。数値解法は，本来連続な偏微分方程式をコンピュータで計算しやすいように近似式に置き換えて，その近似式の解を求める方法だからです。「近似解であるならば，誤差があるではないか。」とほとんどの人が考えると思いますが，その通りです。実際，数値解法の発展の努力の多くは，計算量の増大をなるべく抑えながら，安定的に誤差を小さくすることに払われてきました。それでも，数値解法を利用する際は，結果に誤差が含まれることを認めたうえで，その誤差を定量的に把握し，目的に対して許容される範囲にあるのかを検証することが重要になります。

　数値解法を利用して，指定された条件を満たす偏微分方程式の解を求めることを数値シミュレーションまたは数値解析と呼びます。数値シミュレーションを行うソフトウェアには，CAE (Computer Aided Engineering) ツールとして商用化されているものもあり，研究に限らず，設計・開発の現場でも，構造解析，流体解析，伝熱解析，電磁場解析などにすでに活用されています。数値シミュレーションによって，実験する前に物理現象の振る舞いを予想することができたり，物体の内部の状態など，実測できない情報も得ることができたりします。試作，実験の費用が増大傾向にある微細な構造やエネルギー密度の高い状態を扱う分野などでは，今後ますます数値シミュレーションの重要性が高まると思われます。

1.2 熱伝導の方程式

本書では，偏微分方程式のうち熱伝導の方程式を中心に取り上げます．熱伝導の方程式は，より一般的に拡散方程式と呼ばれ，熱に限らず，分子，電子などにも見られる拡散現象全般に適用可能な基本的な方程式です．3章以降では，この熱伝導の方程式をどのように近似するかを考えるわけですが，この節ではまず，熱伝導の方程式がどのようなものであるかを見ていきたいと思います．

熱伝導は，固体中の熱の移動の現象であり，伝熱の形態の1つです．厚さ Δx [m] の固体壁の両表面の温度がそれぞれ T_H [K] および T_L [K] であり，壁の断面積が A [m²] である場合，高温側から低温側に単位時間に伝わる熱量 Q [W] は，温度差 $T_H - T_L$ および断面積 A に比例し，厚さ Δx に反比例するので，

$$Q = -k \frac{T_H - T_L}{\Delta x} A$$

という関係で表されます (図1.1)．

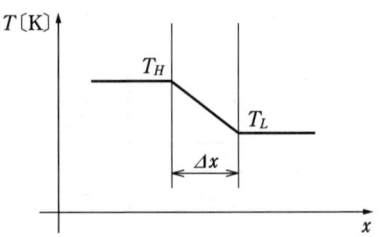

図 1.1 両側の温度が異なる固体壁

係数 k [W/(m·K)] は熱伝導率と呼ばれ，物質に固有な値です．右辺の符号が負であるのは，温度勾配が負の方向に熱が流れることを意味しています．

Δx が十分小さいとすると，導関数の定義より

$$Q = -k \frac{\partial T}{\partial x} A$$

と表すことができます．単位時間当たりに単位面積を通過する熱量は，熱流束 q [W/m²] と呼ばれ，

$$q = \frac{dQ}{dA} = -k\frac{\partial T}{\partial x}$$

の関係にあり，これをフーリエの法則と呼びます．

熱伝導の方程式は，物体内部に十分小さい直方体の要素を考え，フーリエの法則を適用して熱の収支を考えることにより導かれます．この十分小さい直方体の要素においては，次の関係が成立しているはずなので，それぞれの項がどのように表されるかを考えます．

(単位時間に要素の温度上昇に費やされた熱量)
＝(単位時間に要素に入った熱量)−(単位時間に要素から出た熱量)
＋(単位時間当たりの要素内の発熱量)

直方体の要素のそれぞれの辺の長さを Δx, Δy, Δz として，x 軸方向に垂直な西側の面を W，東側の面を E と呼ぶことにします (図 1.2)．

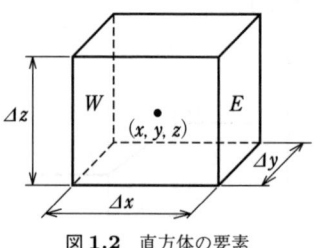

図 1.2　直方体の要素

中心点 (x, y, z) における x 軸方向の熱流束 q_x [W/m^2] は，フーリエの法則より，

$$q_x = -k\frac{\partial T}{\partial x}$$

と表されますので，面積 $\Delta y \Delta z$ である W 面より，単位時間に要素に入る x 軸方向の熱量 Q_W は，

$$Q_W = q_{x-\frac{\Delta x}{2}} \Delta y \Delta z$$

E 面より単位時間に要素から出る x 軸方向の熱量 Q_E は，

$$Q_E = q_{x+\frac{\Delta x}{2}} \Delta y \Delta z$$

となり，それぞれテイラー展開

$$q_{x-\frac{\Delta x}{2}} = q_x - \frac{\Delta x}{2}\left(\frac{\partial q_x}{\partial x}\right) + \cdots$$

$$q_{x+\frac{\Delta x}{2}} = q_x + \frac{\Delta x}{2}\left(\frac{\partial q_x}{\partial x}\right) + \cdots$$

の最初の 2 項までを使って，

$$Q_W = \left(q_x - \frac{\partial q_x}{\partial x}\frac{1}{2}\Delta x\right)\Delta y \Delta z$$

$$Q_E = \left(q_x + \frac{\partial q_x}{\partial x}\frac{1}{2}\Delta x\right)\Delta y \Delta z$$

と表すことができます．

　x 軸方向の熱流により要素内に単位時間に蓄積される熱量は，W 面から入った熱量と E 面から出た熱量の差で表すことができますので，

$$\left[\left(q_x - \frac{\partial q_x}{\partial x}\frac{1}{2}\Delta x\right) - \left(q_x + \frac{\partial q_x}{\partial x}\frac{1}{2}\Delta x\right)\right]\Delta y \Delta z$$
$$= -\frac{\partial q_x}{\partial x}\Delta x \Delta y \Delta z = \frac{\partial}{\partial x}\left(k\frac{\partial T}{\partial x}\right)\Delta x \Delta y \Delta z$$

となることがわかります．同様にして，y 軸，z 軸についても単位時間に蓄積される熱量は，それぞれ，

$$\frac{\partial}{\partial y}\left(k\frac{\partial T}{\partial y}\right)\Delta x \Delta y \Delta z \quad (y\text{軸方向})$$

$$\frac{\partial}{\partial z}\left(k\frac{\partial T}{\partial z}\right)\Delta x \Delta y \Delta z \quad (z\text{軸方向})$$

となりますので，物体内部で単位体積，単位時間当たり H〔W/m³〕の発熱があるとすると，方程式の右辺として，

$$\text{右辺} = \left[\frac{\partial}{\partial x}\left(k\frac{\partial T}{\partial x}\right) + \frac{\partial}{\partial y}\left(k\frac{\partial T}{\partial y}\right) + \frac{\partial}{\partial z}\left(k\frac{\partial T}{\partial z}\right) + H\right]\Delta x \Delta y \Delta z$$

が得られます．

　一方，要素の温度上昇に費やされる単位時間当たりの熱量は，比熱 c〔J/(kg·K)〕，

密度 ρ [kg/m^3]，時間 t [s] を使って，

$$左辺 = c\rho \frac{\partial T}{\partial t} \Delta x \Delta y \Delta z$$

と表すことができますので，最終的に，熱伝導方程式 として，

$$c\rho \frac{\partial T}{\partial t} = \frac{\partial}{\partial x}\left(k\frac{\partial T}{\partial x}\right) + \frac{\partial}{\partial y}\left(k\frac{\partial T}{\partial y}\right) + \frac{\partial}{\partial z}\left(k\frac{\partial T}{\partial z}\right) + H \tag{1.1}$$

を得ることができます．方程式の左辺 $\frac{\partial T}{\partial t}$ が 0，すなわち時間による温度変化がなくなった状態を定常状態，定常状態に達するまでの過渡にある状態 ($\frac{\partial T}{\partial t} \neq 0$) を非定常状態と呼びます．

熱伝導率 k が一定である場合は，式 (1.1) は，

$$\frac{\partial T}{\partial t} = \alpha\left(\frac{\partial^2 T}{\partial x^2} + \frac{\partial^2 T}{\partial y^2} + \frac{\partial^2 T}{\partial z^2}\right) + \frac{H}{c\rho}, \quad \alpha = \frac{k}{c\rho}$$

と書き換えることができ，この α [m^2/s] は熱拡散率と呼ばれます．

k，α，ρc，H が，独立変数 x，y，z の関数である場合は線形問題と呼ばれ，従属変数 T の関数である場合には非線形問題と呼ばれます．例えば，熱伝導率が温度で変化する場合や，発熱量が温度によって変化するような場合が該当します．

1.3　偏微分方程式の分類

海を泳いでいるときに困ったことが起きて助けを求めようとしても，周りの人と言葉が通じないと不便です．本書では偏微分方程式の分類に従って話を進めるわけではありませんが，他の教科書を参照したりする際に便利なので，簡単ではありますが触れておくことにします．

2 独立変数の 2 階偏微分方程式は，一般に次の形で表すことができます．

$$A\frac{\partial^2 \phi}{\partial x^2} + B\frac{\partial^2 \phi}{\partial x \partial y} + C\frac{\partial^2 \phi}{\partial y^2} + D\frac{\partial \phi}{\partial x} + E\frac{\partial \phi}{\partial y} + F\phi + G(x,y) = 0$$

偏微分方程式の数学的な性質は，係数 A，B，C に依存することが知られていて，

$$B^2 - 4AC < 0 \quad \text{のとき楕円型}$$

$$B^2 - 4AC = 0 \quad \text{のとき放物型}$$
$$B^2 - 4AC > 0 \quad \text{のとき双曲型}$$

と呼ばれます。

例えば，発熱なしの定常熱伝導方程式，すなわちラプラス方程式，

$$\frac{\partial^2 T}{\partial x^2} + \frac{\partial^2 T}{\partial y^2} = 0$$

は楕円型です。また，発熱ありの定常熱伝導方程式，すなわちポアソン方程式，

$$\frac{\partial^2 T}{\partial x^2} + \frac{\partial^2 T}{\partial y^2} + \frac{1}{k} H(x,y) = 0$$

もまた楕円型です。

1次元の非定常熱伝導方程式，すなわち拡散方程式，

$$\frac{1}{\alpha} \frac{\partial T}{\partial t} = \frac{\partial^2 T}{\partial x^2}$$

は放物型であり，波動方程式，

$$\frac{1}{c^2} \frac{\partial^2 \phi}{\partial t^2} = \frac{\partial^2 \phi}{\partial x^2}$$

および移流方程式，

$$\frac{\partial u}{\partial t} = a \frac{\partial u}{\partial x}$$

は双曲型です。

3つ以上の独立変数の場合も同様に考えることができ，3次元定常熱導方程式，

$$\frac{\partial^2 T}{\partial x^2} + \frac{\partial^2 T}{\partial y^2} + \frac{\partial^2 T}{\partial z^2} + \frac{1}{k} H(x,y,z) = 0$$

は楕円型で，2次元非定常熱伝導方程式，

$$\frac{1}{\alpha} \frac{\partial T}{\partial t} = \frac{\partial^2 T}{\partial x^2} + \frac{\partial^2 T}{\partial y^2} + \frac{1}{k} H(x,y,z)$$

は放物型です。

第2章

数値解法プログラミングの準備

　泳げない人が海に潜るのは非常に危険です。幸いなことに，プログラミングができない人が数値解法を学んでも，生命が危険にさらされることは（数学的に絶対ない，というのは憚られるというニュアンスで）ほとんどありません。しかしながら，プログラミングができないと行動範囲は限られてしまいます。

　本書では，数値解法に焦点を絞るため，C#の言語およびプログラミング方法については説明しませんが，本書に掲載されたプログラムはダウンロードしてそのまま実行させることができるので，自信がないという方も気軽に始められると思います。

　この章ではC#の特徴を簡単に述べた後，本書のプログラムを実行するために必要な開発環境の使い方と，プログラムから出力されたデータをグラフ表示する方法について説明します。データをグラフ表示すると，まるで水中メガネをかけたように事象の全体像がはっきり見えてきます。

2.1　なぜC#で数値解法か

　本書では，数値解法のプログラミングのためにC#を採用しています。C#の特徴として，言語仕様が平明で学習しやすく，開発環境が無償で入手可能であり，開発のための情報が豊富である点を挙げることができます。さらに，数値解法のプ

ログラミングにおいては，C/C++で書かれたネイティブなライブラリをC#から利用できる点が非常に魅力的です．C/C++で開発された高速なプログラムや便利なツールも，C++/CLIを仲介することで.NETライブラリに変換することができるので，C#に限らず，VB.NETからも利用することができるようになります．開発効率の向上と過去の資産の活用を両立できることがC#（および.NET）の利点といえます．

一方で，C#はUNIXやLinux上では開発や実行ができないという難点はありますが，この点については.NETのマルチプラットフォーム化を目指すMONOプロジェクトなどの発展に期待したいところです．

2.1.1　C#と開発環境

C#はJavaを参考にして開発されたため，Javaに非常によく似ています．使用されなくなったオブジェクトを，ガーベッジ・コレクタが自動で回収して，メモリを解放する機構を備えている点もJavaと同じです．Javaに対するC#の優位性は，ネイティブなプログラミングとの親和性にあります．JavaにもJNIが提供されていますが，ラッパー側では通常のC/C++になってしまうため，基本的にはプリミティブデータまたはその配列しかJava側とラッパー側との間で受け渡しができません．また，ラッパー側ではプログラマがメモリの管理を行うアンマネージドなプログラミングを行わなくてはなりません．一方，C#では，ラッパー側の言語であるC++/CLIも.NET言語ですので，ラッパー側に.NETのオブジェクトを渡すこともできますし，C++/CLIのなかでは，必要な部分だけアンマネージドなプログラミングをして，その他はマネージドなプログラミングというように使い分けることができます．また，C#では言語仕様で，プロパティ，インデクサ，オペレータ・オーバーロードをサポートしていますので，Javaより自然な表記が可能になっていて（Java SE 6との比較の場合），特に行列の表記で重宝します．

一方，JavaではEclipseに統合できるユニット・テストツールやパフォーマンス・ツール，カバレッジ・モニタなどの便利な開発ツールが無償で入手可能である

のに対し，C# では Visual Studio Professional 版以上でのみ利用可能となってしまいます。

2.1.2 実行速度

.NET アプリケーションは，JIT コンパイラにより実行時にネイティブコードに変換されるので，中間コードをインタプリットするから遅いとは一概にいえません。実行するアプリケーションの性質（メモリアクセス，浮動小数演算，IO アクセスの多寡）や実装方法によりパフォーマンスは変わるので，実測してみないと速度の優劣はわからないということが多いと思います。

また実測した結果，C/C++ のほうが速いことが明らかであれば，部分的に C/C++ で開発，コンパイルして，C# でその速度を享受することができます。付録 C.2「インテル C++ コンパイラによる高速化」では，プロセッサに最適なバイナリを出力するインテル C++ コンパイラを利用してプログラムの一部を開発し，C++/CLI により.NET ライブラリを生成し，C# から呼び出す方法を解説しています。

2.1.3 GUI

.NET では，必要なコントロールをマウスでドラッグ＆ドロップすることにより GUI をデザインすることができるので，Windows アプリケーションを容易に開発することができます (図 2.1)。

また C# では，コンピュータ・グラフィックスも XNA を利用することで可能になります。プリ・プロセッサ，ポスト・プロセッサも C# で記述できることになるので，ソルバも含めて，CAE ツールを開発する場合にも開発効率の向上が見込まれます。C# と XNA を使うと，Xbox360 のためのプログラムを開発することもできるので，ゲーム向けの物理シミュレーション・ライブラリの開発を目指すのであれば，C# は有力な選択肢になると思います。

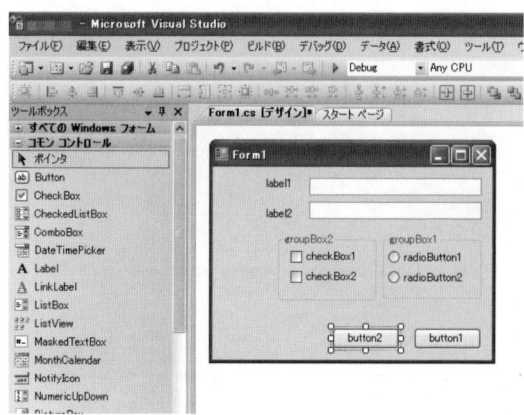

図 2.1　ドラッグ & ドロップによる GUI 開発

2.2　C# プログラムの実行

C# の開発環境は，マイクロソフト社から無償で入手することができます．ここでは，Microsoft Visual C# 2008 Express Edition がすでにインストールされていることを前提として説明を行います．

Visual C# 2008 Express Edition を起動し，「ファイル」メニューより「新しいプロジェクト」をクリックして，プロジェクトを作成します．図 2.2 では，「テンプレート」から「コンソールアプリケーション」を選択して，プロジェクト名に「NumericalSolution」と入力しています．「OK」ボタンを押すと新しいプロジェクトができ，プログラムの開発ができるようになります (図 2.3)．

まず最初に，1 次元非定常熱伝導方程式の解析解を求めるプログラムを作成してみます．

u が x と t の関数であり $u(x,t)$ と表されるとき，問題，

$$\frac{\partial u}{\partial t} = \frac{\partial^2 u}{\partial x^2}, \quad 0 < x < 1$$
$$u(0,t) = 0, \quad u(1,t) = 0$$
$$u(x,0) = \sin \pi x$$

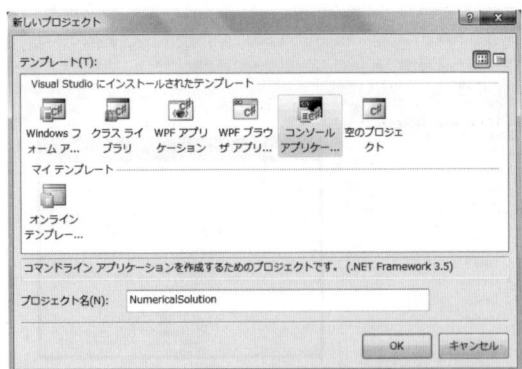

図 2.2 新規プロジェクトの作成

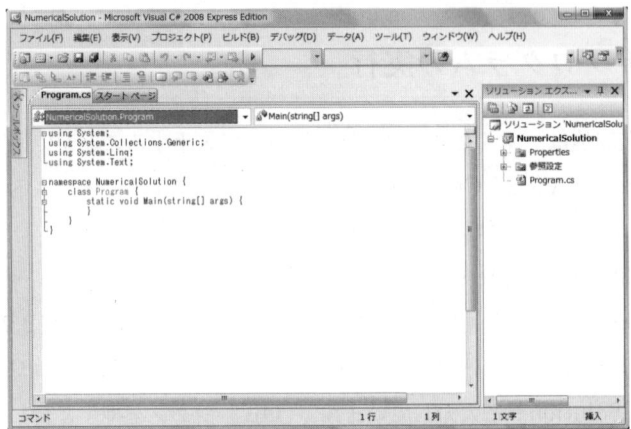

図 2.3 プロジェクトの初期画面

の解析解は，

$$u(x,t) = e^{-\pi^2 t} \sin \pi x$$

と表されるので，先ほど作成したプロジェクトにリスト 1 のコードを記述してプログラムをビルドします．

リスト1　1次元非定常熱伝導方程式の解析解

```
 1  using System;
 2  using System.IO;
 3
 4  namespace NumericalSolution {
 5    class Program {
 6      static void Main(string[] args) {
 7
 8        int numberOfNodes = 11;
 9        double deltaX = 1.0 / (numberOfNodes - 1);
10        double deltaTime = 0.005;
11        double endTime = 1.0;
12
13        StreamWriter writer = File.CreateText("c:/nsworkspace/exact.txt");
14
15        double[] u = new double[numberOfNodes];
16
17        for (double currentTime = 0.0; currentTime <= endTime;
18             currentTime += deltaTime) {
19
20          u[0] = 0.0;
21          for (int i = 1; i < u.Length - 1; i++) {
22            u[i] = Math.Exp(-Math.PI * Math.PI * currentTime)
23                 * Math.Sin(Math.PI * i * deltaX);
24          }
25          u[u.Length - 1] = 0.0;
26
27          for (int i = 0; i < u.Length; i++) {
28            writer.WriteLine(currentTime + " " + i * deltaX + " " + u[i]);
29          }
30          writer.WriteLine();
31
32        }
33        writer.Close();
34
35      }
36    }
37  }
```

本書を通して，プログラムの出力ファイル先を c:￥nsworkspace フォルダにしているので，プログラム実行前にフォルダを作成してください．プログラムを実行すると，c:￥nsworkspace フォルダに exact.txt というファイルができます．

2.3 出力結果のグラフ表示

結果の表示には，gnuplot(http://www.gnuplot.info/) が便利です．前節で出力した結果を gnuplot でグラフ表示してみます．gnuplot をホームページよりダウンロードし，wgnuplot.exe を起動してください．起動直後にフォントが小さくなっている場合には，コマンド記述部を右クリックし，「Choose Font...」を選択するとフォントを好みのサイズに変更できるようになります．

コマンド記述部に次のコマンドを記述し，実行します．

```
gnuplot> set pm3d
gnuplot> splot 'c:/nsworkspace/exact.txt' with pm3d
```

プログラムが正しく記述されていて，正常に実行されていれば，新しいウィンドウが現われ，図 2.5 のようなグラフが表示されます．gnuplot の詳しい使い方は gnuplot のアーカイブに含まれるドキュメントを参照してください．

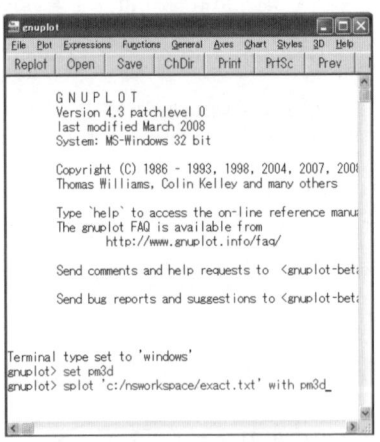

図 2.4　gnuplot の起動画面

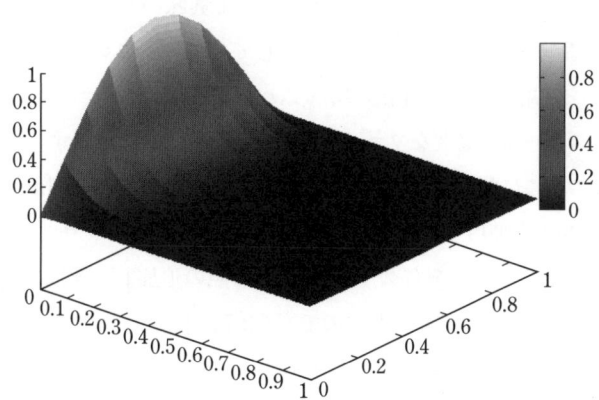

図 2.5　1 次元非定常熱伝導方程式の解析解

2.4　連立 1 次方程式の計算

　偏微分方程式の数値解法は多くの場合，連立 1 次方程式すなわち行列計算に帰着されます．行列計算の解法は多くの研究者らによって研究され，効率のよいプログラムも公開されているので，本書では公開されたプログラムを利用して行列計算を行うことにします．

　行列計算を行うライブラリとしては LAPACK (http://www.netlib.org/lapack/) が有名ですが，FORTRAN で書かれているため，C# からは直接利用することができません．しかし，LAPACK から C へと自動変換された CLAPACK (http://www.netlib.org/clapack/) のライブラリを C++/CLI を使って呼び出し，.NET のライブラリとしてビルドすることで C# から利用することができます．

　筆者はそのようなプログラムをオープン・ソースのプロジェクト，LatoolNet (http://www.codeplex.com/LatoolNet) として公開しているので，読者の皆さんはバイナリファイルをダウンロードすることで，CLAPACK を利用した行列計算を行うことができます．LatoolNet は，できるだけ簡単なインタフェースで行列の計算を行うことができるようにデザインされていて，ネイティブ・ライブラリを利用しているため高速という特徴がありますが，きわめて小数の機能しか実装さ

れていません．本書で必要としない機能について興味のある方は，付録 C および公開されているソースを参考にして，実装してみてください．

　LatoolNet を利用するには，前述のホームページより zip ファイルをダウンロードします．インストールに必要なファイルは LatoolNet.dll だけです．LatoolNet.dll はディスク内のどこに配置されていても結構です．「NumericalSolution」プロジェクトで LatoolNet を使用できるようにするには，開発環境のソリューションエクスプローラより「参照設定」を右クリックし，「参照の追加」を選択します (図 2.6)．

　「参照の追加」ダイアログが現れるので (図 2.7)，「参照」タブを選択し，「ファイル名」に先ほどダウンロードした「LatoolNet.dll」を選ぶようにします．「OK」ボタンを押すとダイアログが終了します．ソリューションエクスプローラの「参照設定」に LatoolNet が表示されていればインストールは完了です．

　LatoolNet が正常にインストールされていることを確認するために，以下の行列計算を行うサンプルプログラムを用意しているので，新しいクラスをプロジェクトに追加してプログラムを記述してみてください．

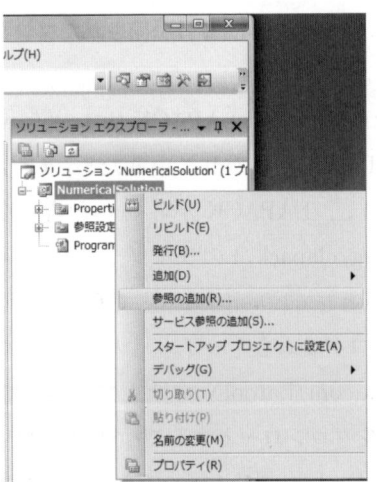

図 2.6　参照の追加

図 2.7 ライブラリの指定

$$Ax = b, \quad A = \begin{pmatrix} 8 & -1 & -4 \\ -4 & 1 & 4 \\ -9 & -6 & 4 \end{pmatrix}, \quad b = \begin{pmatrix} -6 \\ 10 \\ -9 \end{pmatrix}$$

リスト 2　行列の計算

```
1   using System;
2   using LatoolNet;
3
4   namespace NumericalSolution {
5     class MatrixDemoMain {
6       static void Main() {
7
8         Matrix mat = new Matrix(3, 3);
9         Matrix vec = new Matrix(3, 1);
10
11        mat[0, 0] = 8;
12        mat[0, 1] = -1;
13        mat[0, 2] = -4;
14        mat[1, 0] = -4;
15        mat[1, 1] = 1;
16        mat[1, 2] = 4;
17        mat[2, 0] = -9;
18        mat[2, 1] = -6;
19        mat[2, 2] = 4;
20
21        vec[0, 0] = -6;
22        vec[1, 0] = 10;
```

```
23        vec[2, 0] = -9;
24
25        LUFactorization.Solve(mat, vec);
26
27        Console.WriteLine(vec.ToString());
28
29        mat.Dispose();
30        vec.Dispose();
31    }
32  }
33 }
```

ビルドすると，アプリケーションのエントリポイントが複数ある旨のメッセージが出ますので，ソリューションエクスプローラより，「Properties」をダブルクリックし，アプリケーションタブの「スタートアップオブジェクト」により，今作成したプログラムを指定してください (図 2.8)。

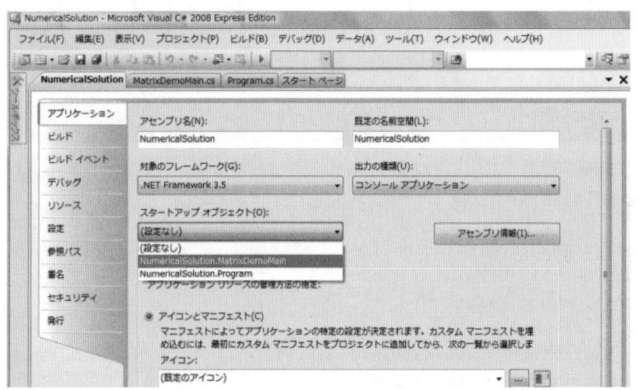

図 2.8 スタートアップオブジェクトの選択

ソースコードを記述して実行すると，コンソールが一瞬で消えてしまうので結果が見えなくなってしまいますが，ブレーク・ポイントを設定した後でデバッグ実行するか，DOS プロンプトから実行してください。出力結果のように画面に出力されたら成功です。

[出力結果]

```
[1.0000]
[2.0000]
[3.0000]
```

　LatoolNet を利用する際の注意点としては，行列の添え字は 0 オリジンであることと，計算の結果 x はメモリの節約のため行列 b に上書きされることです。Dispose メソッドは，行列のために確保したメモリの解放を強制的に行うためのものです。プログラマが Dispose メソッドを記述した場合，Dispose メソッドが実行されるときに必ずメモリが解放されます。一方，プログラマが Dispose メソッドを呼ばないときは，Matrix オブジェクトが変数のスコープを外れたときに，ガーベッジ・コレクションの対象となるので，プログラマの関知しないタイミングで自動的にメモリは解放されます。Dispose メソッドの振る舞いの詳細については，マイクロソフト社から提供されているドキュメントおよび LatoolNet プロジェクトで公開されているソース中のファイナライザ，デストラクタをご覧ください。

2.5　3重対角行列の計算

　行列が 3 重対角行列である場合には，CLAPACK の 3 重対角行列用の関数を利用すると，メモリの使用量においても，実行時間においても効率が良くなります。LatoolNet では，行列生成時にバンド幅を指定することで 3 重対角行列，またはバンド行列用の関数を使用することができるようになります。リスト 3 に，3 重対角行列の形で表される連立 1 次方程式を解くプログラムを掲載します。プログラム中では以下の計算をしています。

$$Ax = b, \quad A = \begin{pmatrix} -5 & 2 & 0 & 0 & 0 \\ 3 & -2 & -1 & 0 & 0 \\ 0 & 7 & -2 & -4 & 0 \\ 0 & 0 & -2 & -1 & 9 \\ 0 & 0 & 0 & 5 & -8 \end{pmatrix}, \quad b = \begin{pmatrix} -1 \\ -4 \\ 0 \\ 1 \\ 2 \end{pmatrix}$$

出力結果のように画面に表示されたら成功です。

[出力結果]

```
[1.0000]
[2.0000]
[3.0000]
[2.0000]
[1.0000]
```

リスト3 3重対角行列の計算

```
1   using System;
2   using LatoolNet;
3
4   namespace NumericalSolution {
5       class TriMatrixDemoMain {
6           static void Main() {
7
8               int bandWidth = 3;
9               Matrix mat = new Matrix(5, 5, bandWidth);
10              Matrix vec = new Matrix(5, 1);
11
12              mat[0, 0] = -5;
13              mat[0, 1] = 2;
14
15              mat[1, 0] = 3;
16              mat[1, 1] = -2;
17              mat[1, 2] = -1;
18
19              mat[2, 1] = 7;
20              mat[2, 2] = -2;
21              mat[2, 3] = -4;
22
23              mat[3, 2] = -2;
```

```
24                mat[3, 3] = -1;
25                mat[3, 4] = 9;
26
27                mat[4, 3] = 5;
28                mat[4, 4] = -8;
29
30                vec[0, 0] = -1;
31                vec[1, 0] = -4;
32                vec[2, 0] = 0;
33                vec[3, 0] = 1;
34                vec[4, 0] = 2;
35
36                LUFactorization.Solve(mat, vec);
37
38                Console.WriteLine(vec.ToString());
39
40                mat.Dispose();
41                vec.Dispose();
42            }
43       }
44 }
```

2.6 オブジェクト指向プログラミング

1次元熱伝導方程式の解析解を出力するプログラムでは，Main 関数にすべてのコードを書いていましたが，オブジェクト指向でデザインすると，プログラムの見通しが良くなり，再利用性も向上させることができます．ここでのプログラムの変更の主旨は，3章で説明する数値解法のプログラムで再利用できる部分と，変更すべき部分を分離することです．Diffusion1DExact クラス以外を3章では共通で使用します．なお，変数名が m_ で始まるものはそのインスタンス内でのみ使用される変数を表し，p_ で始まるものは protected なベースクラスの変数を表すとします．メソッド内変数には接頭語は使用していません．本書のプログラムを理解するには，基本的な文法と，オブジェクト指向については，抽象クラスと継承について理解ができていれば十分であろうと思います．

リスト4　新しい Main 関数

```
1   using System;
```

```csharp
using System.IO;

namespace NumericalSolution {
  class Diffusion1DMain {

    static String outfile = "c:/nsworkspace/exact.txt";

    static void Main(string[] args) {

      Diffusion1D sim = new Diffusion1DExact();

      sim.NumberOfNodes = 11;
      sim.DeltaTime = 0.005;
      sim.EndTime = 1.0;

      double[] u;
      StreamWriter writer = File.CreateText(outfile);

      for (sim.CurrentTime = 0.0;
           sim.CurrentTime <= sim.EndTime;
           sim.CurrentTime += sim.DeltaTime) {

        if (sim.CurrentTime == 0.0) {
          u = sim.Initialize();
        } else {
          u = sim.Next();
        }

        for (int i = 0; i < u.Length; i++) {
          writer.Write(sim.CurrentTime + " ");
          writer.Write(sim.DeltaX * i + " ");
          writer.WriteLine(u[i]);
        }
        writer.WriteLine();
      }
      writer.Close();
    }
  }
}
```

リスト5　Diffusion1D 抽象クラス

```csharp
using System;

namespace NumericalSolution {
  abstract class Diffusion1D {
```

2.6 オブジェクト指向プログラミング 23

```
 5      protected int p_numberOfNodes;
 6      protected double p_deltaX;
 7      protected double p_deltaTime;
 8      protected double p_endTime;
 9      protected double p_currentTime = 0.0;
10      protected double[] p_current_u;
11      protected double[] p_previous_u;
12      protected double p_alpha = 1.0;
13
14      public double Alpha {
15        get { return p_alpha; }
16        set { p_alpha = value; }
17      }
18
19      public int NumberOfNodes {
20        get { return p_numberOfNodes; }
21        set {
22          p_numberOfNodes = value;
23          p_deltaX = 1.0 / (p_numberOfNodes - 1);
24        }
25      }
26      public double DeltaX {
27        get { return p_deltaX; }
28      }
29
30      public double DeltaTime {
31        get { return p_deltaTime; }
32        set { p_deltaTime = value; }
33      }
34
35      public double CurrentTime {
36        get { return p_currentTime; }
37        set { p_currentTime = value; }
38      }
39
40      public double EndTime {
41        get { return p_endTime; }
42        set { p_endTime = value; }
43      }
44
45      public double[] Initialize() {
46        p_current_u = new double[p_numberOfNodes];
47        p_previous_u = new double[p_numberOfNodes];
48
49        p_current_u[0] = 0.0;
50        for (int i = 1; i < p_numberOfNodes - 1; i++) {
51          p_current_u[i] = Math.Sin(Math.PI * i * p_deltaX);
```

```
52        }
53        p_current_u[p_numberOfNodes - 1] = 0.0;
54
55        return p_current_u;
56      }
57
58      public abstract double[] Next();
59
60      protected void Age() {
61        for (int i = 0; i < p_numberOfNodes; i++) {
62          p_previous_u[i] = p_current_u[i];
63        }
64      }
65
66    }
67  }
```

リスト6　Diffusion1DExact クラス

```
1   using System;
2
3   namespace NumericalSolution {
4     class Diffusion1DExact : Diffusion1D {
5       public override double[] Next() {
6         p_current_u[0] = 0.0;
7         for (int i = 1; i < p_numberOfNodes - 1; i++) {
8           p_current_u[i] = p_alpha
9                           * Math.Exp(-Math.PI * Math.PI * p_currentTime)
10                          * Math.Sin(Math.PI * i * p_deltaX);
11        }
12        p_current_u[p_numberOfNodes - 1] = 0.0;
13
14        return p_current_u;
15      }
16    }
17  }
```

第3章

有限差分法

いよいよ数値解法の海へ入って行きます。ここまでで，すでに溺れそうになったというような方は念入りに準備体操をしていただく必要があるかもしれませんが，落ち着いて読み進めていけば，決して難しくないことがわかると思います。

有限差分法は，数学的にシンプルで理解しやすく，複雑な方程式や非線形な方程式も比較的容易に扱うことができるという利点があります。本章では，誤差の大きさとその性質という観点で，いくつかの差分化法を見ていくとともに，数値解法に不可欠な概念である境界条件について具体的に説明します。また，有限差分法で扱うことが難しい移流方程式の問題を最後に取り上げます。

3.1 差分法

差分法とは，関数 $f(x)$ の導関数，

$$f'(x) = \frac{df}{dx} = \lim_{\Delta x \to 0} \frac{f(x+\Delta x) - f(x)}{\Delta x}$$

を，有限距離離れた 2 点間の傾き

$$f'(x) \simeq \frac{f(x+\Delta x) - f(x)}{\Delta x} \tag{3.1}$$

で近似する方法です。差分近似における Δx が大きければ，誤差も大きくなることが予想されるわけですが，詳しくはテイラー展開により知ることができます。

テイラー展開は，

$$f(x+\Delta x) = f(x) + \Delta x \frac{df}{dx} + \frac{(\Delta x)^2}{2!}\frac{d^2 f}{dx^2} + \frac{(\Delta x)^3}{3!}\frac{d^3 f}{dx^3} + \cdots \quad (3.2)$$

と表されるので，式 (3.1) に合うように変形すると，

$$\frac{f(x+\Delta x) - f(x)}{\Delta x} = \frac{df}{dx} + \frac{\Delta x}{2!}\frac{d^2 f}{dx^2} + \frac{(\Delta x)^2}{3!}\frac{d^3 f}{dx^3} + \cdots$$

となります．すると，

$$\frac{\Delta x}{2!}\frac{d^2 f}{dx^2} + \frac{(\Delta x)^2}{3!}\frac{d^3 f}{dx^3} + \cdots$$

の部分が微分と差分近似の誤差に相当することがわかります．誤差のうち最も影響の大きい最初の項に注目して $O(\Delta x)$ と表し，1 次のオーダの打ち切り誤差と呼びます．ちなみに，1 章で熱伝導の方程式を導出する際，"十分小さい直方体" を仮定していましたが，これはすなわち "打ち切り誤差が無視できるほど小さい直方体" を仮定していたということです．

式 (3.2) のテイラー展開中の Δx を $-\Delta x$ に置き換えると，

$$f(x-\Delta x) = f(x) - \Delta x \frac{df}{dx} + \frac{(\Delta x)^2}{2!}\frac{d^2 f}{dx^2} - \frac{(\Delta x)^3}{3!}\frac{d^3 f}{dx^3} + \cdots \quad (3.3)$$

となるので，同様に変形して，

$$\frac{f(x) - f(x-\Delta x)}{\Delta x} = \frac{df}{dx} - \frac{\Delta x}{2!}\frac{d^2 f}{dx^2} + \frac{(\Delta x)^2}{3!}\frac{d^3 f}{dx^3} + \cdots$$

が得られます．それぞれ前進差分，後退差分と呼ばれ，1 次のオーダの打ち切り誤差があることがわかります．

$$\frac{df}{dx} = \frac{f(x+\Delta x) - f(x)}{\Delta x} + O(\Delta x) \quad :前進差分$$

$$\frac{df}{dx} = \frac{f(x) - f(x-\Delta x)}{\Delta x} + O(\Delta x) \quad :後退差分$$

次に，式 (3.2) から，式 (3.3) を引くと，

$$\frac{f(x+\Delta x) - f(x-\Delta x)}{2\Delta x} = \frac{df}{dx} + \frac{(\Delta x)^2}{3!}\frac{d^3 f}{dx^3} + \cdots$$

となり，$\frac{df}{dx}$ を左辺にして整理すると，

$$\frac{df}{dx} = \frac{f(x+\Delta x) - f(x-\Delta x)}{2\Delta x} + O(\Delta x)^2 \quad :中心差分$$

が得られます．微分と差分近似の打ち切り誤差は 2 次のオーダとなり，精度が向上していることがわかります．

今度は，式 (3.2) と式 (3.3) とを足して，$\frac{d^2 f}{dx^2}$ を左辺にして整理すると，

$$\frac{d^2 f}{dx^2} = \frac{f(x+\Delta x) - 2f(x) + f(x-\Delta x)}{(\Delta x)^2} + O(\Delta x)^2$$

となり，2 階の導関数の近似が得られ，打ち切り誤差は 2 次のオーダであることがわかります．

3.2　陽解法

2 章で解析解をグラフ表示させた問題，1 次元非定常熱伝導方程式，

$$\frac{\partial u}{\partial t} = \alpha \frac{\partial^2 u}{\partial x^2}, \quad 0 < x < L \tag{3.4}$$

を差分法で解くことを考えます．まず，解析領域 $0 < x < L$ を均等な小領域に分割します (図 3.1)．

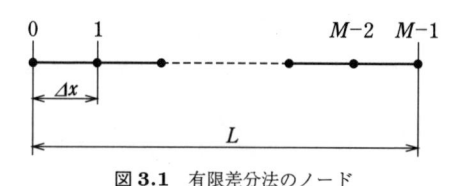

図 3.1　有限差分法のノード

小領域の両端はノードと呼ばれ，いま，M 個のノードが領域とその境界に配置されているとします．それぞれのノードにおける u を，

$$u(x,t) = u(i\Delta x, n\Delta t) \equiv u_i^n, \quad i = 0, \ldots, M-1, \quad n = 0, 1, 2, \ldots$$

と表し，Δx の大きさは，

$$\Delta x = \frac{L}{M-1}$$

であるとします。

式 (3.4) を，空間 x に対して 2 階の中心差分で近似し，時間 t に対して前進差分で近似すると次の式になります。

$$\frac{u_i^{n+1} - u_i^n}{\Delta t} = \alpha \frac{u_{i-1}^n - 2u_i^n + u_{i+1}^n}{(\Delta x)^2} + O[\Delta t, (\Delta x)^2] \tag{3.5}$$

時間に対して 1 次のオーダの誤差，空間に対して 2 次のオーダの誤差で方程式を近似できたことになります．式 (3.5) は，未知の時間 u_i^{n+1} を左辺，既知の時間 u_i^n を右辺にまとめると，

$$u_i^{n+1} = s u_{i-1}^n + (1-2s) u_i^n + s u_{i+1}^n, \quad s = \frac{\alpha \Delta t}{(\Delta x)^2}$$

と変形できます．この差分化の方法では，時刻 $t=0$ における初期値 (u_i^0) と境界の値 (u_0^n, u_{M-1}^n) が与えられれば，次の時間ステップの値は，既知の時間ステップの値のみで計算できるため，陽解法と呼ばれます．差分化の方法のことを，差分スキームと言うので，陽解法のことを陽的スキームと呼ぶ場合もあります．陽解法は，差分化が容易であるという利点に加えて，計算量の多い 2 次元，3 次元の問題においては特に，並列計算に適している点でも有用な解法です．

境界の値は境界条件によって規定されます．ここでは，境界条件として 2 章と同様に，すべての時刻において定数 $u_0^n = u_{M-1}^n = 0$ を指定することにします．リスト 7 に問題の方程式を陽解法によって解くプログラムを掲載します．

リスト 7　陽解法のコード

```
namespace NumericalSolution {
  class Diffsuion1DExplicit : Diffusion1D {
    public override double[] Next() {
      base.Age();

      double s = (p_alpha * p_deltaTime) / (p_deltaX * p_deltaX);
      p_current_u[0] = 0.0;
      for (int i = 1; i < p_numberOfNodes - 1; i++) {
        p_current_u[i] = s * p_previous_u[i - 1]
                       + (1 - 2 * s) * p_previous_u[i]
                       + s * p_previous_u[i + 1];
      }
      p_current_u[p_numberOfNodes - 1] = 0.0;
```

```
14
15         return p_current_u;
16     }
17   }
18 }
```

コード量が少ないと思われるかもしれませんが，これは 2 章で作成したプログラムを利用しているためです．p_ で始まる変数と Age メソッドは Diffusion1D クラスのメンバです．陽解法のプログラムを実行するには，解析解を出力するプログラム Diffusion1DMain.cs の一部を以下のように修正し，実行します．出力ファイル名を変更しておくと，解析解との比較が容易です．

```
Diffusion1D sim = new Diffusion1DExact();
       ↓
Diffusion1D sim = new Diffsuion1DExplicit();
```

正しく実行できることが確認できたら，もう一度 Diffusion1DMain.cs を見てください．ステップ時間 (Δt) の設定の箇所を，

```
sim.DeltaTime = 0.005;
       ↓
sim.DeltaTime = 0.0052;
```

に変更し，シミュレーションの終了時間を，

```
sim.EndTime = 1.0;
       ↓
sim.EndTime = 7.0;
```

に変更して実行してみてください．図 3.2 は出力された結果の時刻 $t = 6.0008$ における，u の値を示したものです．解析解はもちろんですが，陽解法による解でも $\Delta t = 0.005$ の場合には，この図のようにはならないことに注目してください．

偏微分方程式を離散化する際には，打ち切り誤差が生じることはすでに述べましたが，計算機で計算する際には丸め誤差も生じます．これらの誤差は，計算が進むにつれて蓄積されて大きくなる場合があり，これが解の発振の原因となります．このように，陽解法はある条件により解が安定であったり，不安定であったりするため条件付き安定と呼ばれます．

図 3.2 不安定な解

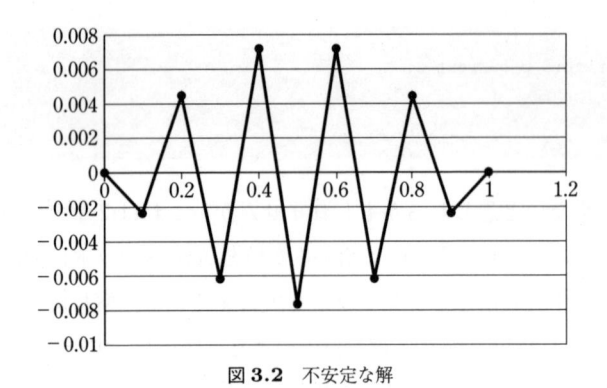

　解の安定のための条件を知るには，後で説明するフォン・ノイマンの安定性解析が有効ですが，ここではもう少し直観的に解釈してみます。陽解法の差分式をもう一度見てみます。

$$u_i^{n+1} = su_{i-1}^n + (1-2s)u_i^n + su_{i+1}^n \quad \text{（再掲）}$$

ある点 u_i^n に隣接する u_{i-1}^n と u_{i+1}^n が等しい場合を考えます。すると，上式は次のように書き換えることができます。

$$u_i^{n+1} = u_{i-1}^n + (1-2s)(u_i^n - u_{i-1}^n), \quad u_{i-1}^n = u_{i+1}^n$$

仮に，$u_{i-1}^n = u_{i+1}^n = 0 \, [\text{K}]$，$u_i^n = 1 \, [\text{K}]$ であるとすると，位置 i における次の時間ステップの温度は，

$$u_i^{n+1} = 0 + (1-2s)(1-0) = (1-2s)$$

と表すことができるわけですが，ある点の次の時間ステップ後の温度が，隣接する 2 点より低くなることは物理的にあり得ませんので，

$$(1-2s) \geq 0$$

すなわち，

$$s = \frac{\alpha \Delta t}{(\Delta x)^2} \leq \frac{1}{2}$$

が解の安定のための条件として必要となることがわかります。この結果はフォン・

ノイマンの安定性解析で得られる結果と一致します．陽解法を利用する際は，このように安定性の条件に気を付ける必要があります．安定性の条件によると，陽解法では，仮に Δx を半分にすると，Δt を 1/4 にしなくてはならず，解析領域が同じ大きさであれば，計算時間は 8 倍になることがわかります．

3.3 陰解法

同じ方程式，

$$\frac{\partial u}{\partial t} = \alpha \frac{\partial^2 u}{\partial x^2}, \quad 0 < x < L$$

を差分化する際，空間に対して時刻 n ではなく，時刻 $n+1$ で差分化することも可能です．

$$\frac{u_i^{n+1} - u_i^n}{\Delta t} = \alpha \frac{u_{i-1}^{n+1} - 2u_i^{n+1} + u_{i+1}^{n+1}}{(\Delta x)^2} + O[\Delta t, (\Delta x)^2]$$

未知の時間を左辺，既知の時間を右辺にまとめると，

$$-su_{i-1}^{n+1} + (1+2s)u_i^{n+1} - su_i^{n+1} = u_i^n, \quad s = \frac{\alpha \Delta t}{(\Delta x)^2} \tag{3.6}$$

が得られます．この式は連立 1 次方程式の形で表されているため，$Au = b$ を u について解く行列計算が必要になります．このように u^{n+1} を求めるために行列計算が必要になる解法を陰解法または陰的スキームと呼びます．陰解法は陽解法とは異なり，時間ステップ幅に対する制約がなく安定であるため，無条件安定と呼ばれます．陰解法の安定性についても，後のフォン・ノイマンの安定性解析の節で説明します．

境界条件として，すべての時刻において定数 $u_0^{n+1} = u_{M-1}^{n+1} = 0$ を与えることを考慮すると，境界値を含めた行列は以下のようになります．

$$\begin{pmatrix} 1 & 0 & \cdots & & \cdots & & 0 \\ -s & (1+2s) & -s & & & & \vdots \\ 0 & -s & (1+2s) & -s & & & \vdots \\ \vdots & & \ddots & & & & \vdots \\ \vdots & & & -s & (1+2s) & -s & 0 \\ \vdots & \ddots & & & -s & (1+2s) & -s \\ 0 & \cdots & & \cdots & & 0 & 1 \end{pmatrix} \begin{pmatrix} u_0^{n+1} \\ u_1^{n+1} \\ u_2^{n+1} \\ \vdots \\ u_{M-3}^{n+1} \\ u_{M-2}^{n+1} \\ u_{M-1}^{n+1} \end{pmatrix} = \begin{pmatrix} 0 \\ u_1^n \\ u_2^n \\ \vdots \\ u_{M-3}^n \\ u_{M-2}^n \\ 0 \end{pmatrix}$$

実際の計算の際は，行列が3重対角行列であることを利用して解くと，メモリの使用量においても計算量においても効率が良いです．

リスト8 陰解法のコード

```
1   using LatoolNet;
2
3   namespace NumericalSolution {
4     class Diffusion1DImplicit : Diffusion1D {
5       public override double[] Next() {
6
7         base.Age();
8
9         int rownum = p_numberOfNodes;
10        int colnum = p_numberOfNodes;
11        int bandWidth = 3;
12        Matrix mat = new Matrix(rownum, colnum, bandWidth);
13        Matrix vec = new Matrix(colnum, 1);
14
15        double s = (p_alpha * p_deltaTime) / (p_deltaX * p_deltaX);
16
17        mat[0, 0] = 1;
18        vec[0, 0] = 0.0;
19        for (int i = 1; i < p_numberOfNodes - 1; i++) {
20          mat[i, i - 1] = -s;
21          mat[i, i] = (1 + 2 * s);
22          mat[i, i + 1] = -s;
23          vec[i, 0] = p_previous_u[i];
24        }
25        mat[p_numberOfNodes - 1, p_numberOfNodes - 1] = 1;
26        vec[p_numberOfNodes - 1, 0] = 0.0;
27
```

```
28          LUFactorization.Solve(mat, vec);
29
30          for (int i = 0; i < p_numberOfNodes; i++) {
31            p_current_u[i] = vec[i, 0];
32          }
33
34          mat.Dispose();
35          vec.Dispose();
36          return p_current_u;
37        }
38      }
39    }
```

陰解法のプログラムを実行するには，2章で作成した解析解を出力するプログラム Diffusion1DMain.cs の一部を以下のように修正し，実行します．

```
    Diffusion1D sim = new Diffusion1DExact();
        ↓
    Diffusion1D sim = new Diffusion1DImplicit();
```

正しく実行できたところで，実際にプログラムを動作させて，解の精度を確認してみます．解の精度を高めるには，ノード数を多くすることと，ステップ時間を小さくすることが必要になりそうですが，一方で，計算量が多くなってしまうと丸め誤差の影響も大きくなり，計算時間も長くなってしまいます．要求される精度に対して必要十分なノード数とステップ時間を設定するのが望ましいわけです．

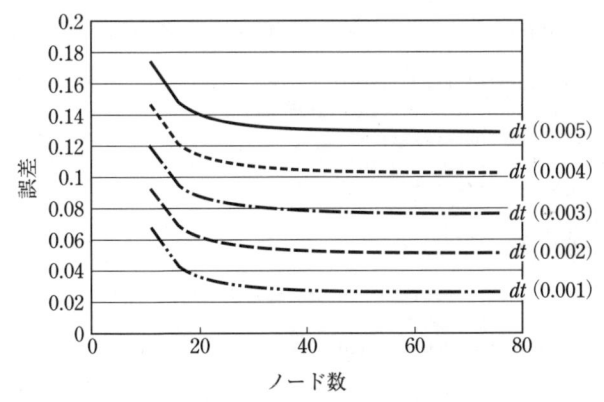

図 **3.3** 陰解法におけるノード数と時間ステップの誤差への影響

リスト 9 は，陰解法においてノード数と時間ステップを変化させたときの誤差の大きさを計算して出力するプログラムです．実行すると，nsworkspace フォルダに CSV 形式のファイルが出力されるので，EXCEL のグラフ機能を使って図 3.3 のグラフが得られます．ステップ時間 (dt) が小さくなると 1 次のオーダで誤差が小さくなり，ノード数が多くなる (Δx が小さくなる) と 2 次のオーダで誤差が小さくなる様子を見ることができます．

リスト 9 陰解法の誤差

```
1   using System;
2   using System.IO;
3
4   namespace NumericalSolution {
5     class ErrorComparator {
6
7       static string outfile = "c:/nsworkspace/diffusion1d_imp_error.csv";
8
9       public static void Main() {
10
11        int initialNumberOfNodes = 11;
12        int endNumberOfNodes = 81;
13        int stepNumberOfNodes = 5;
14
15        double initialDeltaTime = 0.001;
16        double endDeltaTime = 0.005;
17        double stepDeltaTime = 0.001;
18
19        StreamWriter writer = File.CreateText(outfile);
20
21        writer.Write("#Nodes, ");
22        for (double dt = initialDeltaTime;
23             dt <= endDeltaTime;
24             dt += stepDeltaTime) {
25          writer.Write("dt(" + dt + "), ");
26        }
27        writer.WriteLine();
28
29        for (int n = initialNumberOfNodes;
30             n <= endNumberOfNodes;
31             n += stepNumberOfNodes) {
32
33          writer.Write(n + ", ");
34
```

```
35            for (double dt = initialDeltaTime;
36                 dt <= endDeltaTime;
37                 dt += stepDeltaTime) {
38
39              Diffusion1D exact = new Diffusion1DExact();
40              Diffusion1D numerical = new Diffusion1DImplicit();
41
42              exact.NumberOfNodes = n;
43              numerical.NumberOfNodes = n;
44              exact.DeltaTime = dt;
45              numerical.DeltaTime = dt;
46              exact.EndTime = 1.0;
47              numerical.EndTime = 1.0;
48
49              double error = CalculateError(exact, numerical);
50              writer.Write(error + ", ");
51            }
52            writer.WriteLine();
53
54          }
55          writer.Close();
56        }
57
58        static private double CalculateError(Diffusion1D exact,
59                                             Diffusion1D numerical) {
60
61          double[] u_exact;
62          double[] u_numerical;
63          double error = 0.0;
64
65          int count = 0;
66          for (exact.CurrentTime = 0.0;
67               exact.CurrentTime <= exact.EndTime;
68               exact.CurrentTime += exact.DeltaTime) {
69
70            if (exact.CurrentTime == 0.0) {
71              u_exact = exact.Initialize();
72              u_numerical = numerical.Initialize();
73              continue;
74            }
75
76            u_exact = exact.Next();
77            u_numerical = numerical.Next();
78
79            for (int i = 1; i < u_exact.Length - 1; i++) {
80              error += Math.Abs(u_exact[i] - u_numerical[i]) / u_exact[i];
81              count++;
```

```
82              }
83          }
84          return error / (double)count;
85      }
86  }
87 }
```

3.4　クランク・ニコルソン法

同じ方程式,
$$\frac{\partial u}{\partial t} = \alpha \frac{\partial^2 u}{\partial x^2}, \quad 0 < x < L$$
の空間の 2 階の微分を, 陽解法による差分と陰解法による差分の算術平均で表したものをクランク・ニコルソン法と呼びます.
$$\frac{u_i^{n+1} - u_i^n}{\Delta t} = \frac{\alpha}{2} \left(\frac{u_{i-1}^{n+1} - 2u_i^{n+1} + u_{i+1}^{n+1}}{(\Delta x)^2} + \frac{u_{i-1}^n - 2u_i^n + u_{i+1}^n}{(\Delta x)^2} \right)$$

未知の時間を左辺にすると,
$$-su_{i-1}^{n+1} + (2+2s)u_i^{n+1} - su_{i+1}^{n+1} = su_{i-1}^n + (2-2s)u_i^n + su_{i+1}^n, \quad s = \frac{\alpha \Delta t}{(\Delta x)^2}$$

と表されます. クランク・ニコルソン法の利点は, 陰解法と同様に無条件安定であることに加えて, 誤差が $O[(\Delta t)^2, (\Delta x)^2]$ となり, 時間においても 2 次のオーダになっていることです. クランク・ニコルソン法も陰解法と同様に行列計算により u_i^{n+1} を求めることができます. 重複が多いのでクランク・ニコルソン法のプログラムの掲載は割愛します.

クランク・ニコルソン法の陽解法と陰解法の算術平均を, 重み θ による平均の一例だと解釈すると次のような一般化が可能です.
$$\frac{u_i^{n+1} - u_i^n}{\Delta t} = \alpha \left(\theta \frac{u_{i-1}^{n+1} - 2u_i^{n+1} + u_{i+1}^{n+1}}{(\Delta x)^2} + (1-\theta) \frac{u_{i-1}^n - 2u_i^n + u_{i+1}^n}{(\Delta x)^2} \right) \quad (3.7)$$

式 (3.7) は θ-法と呼ばれます. $\theta = 0$ のとき陽解法, $\theta = 1$ のとき陰解法, $\theta = \frac{1}{2}$ のときクランク・ニコルソン法に相当することがわかります. また,

$$\theta = \frac{1}{2} - \frac{(\Delta x)^2}{12\alpha \Delta t}$$

のとき，その誤差は $O[(\Delta t)^2, (\Delta x)^4]$ であることが知られています．

3.5 フォン・ノイマンの安定性解析

3.5.1 陽解法の安定性

フォン・ノイマンの安定性解析は，差分スキームの安定性を判定するために用いられます．数値解 u_N と解析解 u_E と誤差 ϵ が，

$$u_N = u_E + \epsilon$$

の関係にあるとして，1次元熱伝導方程式の陽解法の差分式，

$$\frac{u_j^{n+1} - u_j^n}{\Delta t} = \alpha \frac{u_{j-1}^n - 2u_j^n + u_{j+1}^n}{(\Delta x)^2} \tag{3.8}$$

の安定性を解析してみます．今まで $x = i\Delta x$ だったのが，$x = j\Delta x$ になっているのは，i を $i = \sqrt{-1}$ として使用したいからです．

数値解 u_N は式 (3.8) を満たし，また解析解 u_E も同様に式 (3.8) を満たすはずなので，誤差 ϵ について次の関係を得ることができます．

$$\frac{\epsilon_j^{n+1} - \epsilon_j^n}{\Delta t} = \alpha \frac{\epsilon_{j-1}^n - 2\epsilon_j^n + \epsilon_{j+1}^n}{(\Delta x)^2}$$

誤差 ϵ は離散化された複素フーリエ級数を用いて，以下のように表すことができます．

$$\epsilon_j^n = \sum_{m=-\infty}^{\infty} C_m^n \mathrm{e}^{i\beta_m j \Delta x}, \quad x = j\Delta x, \quad t = n\Delta t, \quad \beta_m = \frac{m\pi}{l}, \quad i = \sqrt{-1}$$

フォン・ノイマンの解析では，安定性の判定はおのおのの成分波ごとに行われます．すなわち，差分式が線形であることを前提としているということです．おのおのの成分波に注目すると誤差 ϵ_j^n は，

$$\epsilon_j^n = C_m^n e^{i\beta_m j \Delta x}$$

と表されることになります．したがって，ϵ_{j+1}^n, ϵ_{j-1}^n, ϵ_j^{n+1} についても，

$$\epsilon_{j+1}^n = C_m^n e^{i\beta_m(j+1)\Delta x}, \quad \epsilon_{j-1}^n = C_m^n e^{i\beta_m(j-1)\Delta x}, \quad \epsilon_j^{n+1} = C_m^{n+1} e^{i\beta_m j \Delta x}$$

と表されることがわかります．

　誤差 ϵ が時間とともに増幅しないためには，ある時刻における誤差が次の時間ステップ後に大きくならなければよいので，

$$G = \frac{\epsilon_j^{n+1}}{\epsilon_j^n} = \frac{C_m^{n+1}}{C_m^n}$$

としたときに，すべての波数 β_m について，$|G| \leq 1$ が成立すれば安定で，成立しない場合が不安定といえます．

　陽解法の誤差についての差分式 (3.9) の ϵ をそれぞれ書き換えて，

$$e^{i\beta_m j \Delta x}(C_m^{n+1} - C_m^n) = \frac{\alpha \Delta t}{(\Delta x)^2} e^{i\beta_m j \Delta x} C_m^n (e^{i\beta_m \Delta x} - 2 + e^{-i\beta_m \Delta x})$$

を得るので，整理して，

$$C_m^{n+1} = \left\{ 2\frac{\alpha \Delta t}{(\Delta x)^2} \left(\frac{e^{i\beta_m \Delta x} + e^{-i\beta_m \Delta x}}{2} - 1 \right) + 1 \right\} C_m^n$$

となります．オイラーの公式，

$$\frac{e^{i\beta_m \Delta x} + e^{-i\beta_m \Delta x}}{2} = \cos(\beta_m \Delta x)$$

と半角公式，

$$\frac{1 - \cos(\beta_m \Delta x)}{2} = \sin^2\left(\frac{\beta_m \Delta x}{2}\right)$$

を利用して，$s = \frac{\alpha \Delta t}{(\Delta x)^2}$ とすれば，

$$G = -4s \sin^2\left(\frac{\beta_m \Delta x}{2}\right) + 1$$

が得られます．安定のためには，すべての β_m について

$$-1 \leq -4s \sin^2\left(\frac{\beta_m \Delta x}{2}\right) + 1 \leq 1$$

が成立する必要があるわけですが，右側部は常に成立するので，左側部の最も厳しい場合，すなわち，

$$-1 \leq -4s+1 \quad \text{または，} \quad s = \frac{\alpha \Delta t}{(\Delta x)^2} \leq \frac{1}{2}$$

が陽解法の解の安定のために必要であるといえます．

3.5.2 θ-法の安定性

陰解法とクランク・ニコルソン法の安定性については，一般化された θ-法で解析してみます．θ-法の誤差の差分式，

$$\frac{\epsilon_j^{n+1} - \epsilon_j^n}{\Delta t} = \alpha \left(\theta \frac{\epsilon_{i-1}^{n+1} - 2\epsilon_i^{n+1} + \epsilon_{i+1}^{n+1}}{(\Delta x)^2} + (1-\theta) \frac{\epsilon_{i-1}^n - 2\epsilon_i^n + \epsilon_{i+1}^n}{(\Delta x)^2} \right)$$

の ϵ をそれぞれ置換して，$s = \frac{\alpha \Delta t}{(\Delta x)^2}$ とすれば，

$$e^{i\beta_m j \Delta x}(C_m^{n+1} - C_m^n) = s\theta e^{i\beta_m j \Delta x} C_m^{n+1} \left(e^{i\beta_m \Delta x} + e^{-i\beta_m \Delta x} - 2 \right)$$
$$+ s(1-\theta) e^{i\beta_m j \Delta x} C_m^n \left(e^{i\beta_m \Delta x} + e^{-i\beta_m \Delta x} - 2 \right)$$

となりますので，先ほどと同様にオイラーの公式と半角公式を利用して，C_m で整理します．

$$\left\{ 1 + 4s\theta \sin^2 \left(\frac{\beta_m \Delta x}{2} \right) \right\} C_m^{n+1} = \left\{ 1 - 4s(1-\theta) \sin^2 \left(\frac{\beta_m \Delta x}{2} \right) \right\} C_m^n$$

安定のためには，$|G| = \left| \frac{C_m^{n+1}}{C_m^n} \right| \leq 1$ である必要があるので，次の関係式を得ることができます．

$$-1 - 4s\theta \sin^2 \left(\frac{\beta_m \Delta x}{2} \right) \leq 1 - 4s(1-\theta) \sin^2 \left(\frac{\beta_m \Delta x}{2} \right) \leq 1 + 4s\theta \sin^2 \left(\frac{\beta_m \Delta x}{2} \right)$$

右側部については常に成立しますので，左側部，

$$2s(1-2\theta) \sin^2 \left(\frac{\beta_m \Delta x}{2} \right) \leq 1$$

の最も厳しい場合，$\sin^2 \left(\frac{\beta_m \Delta x}{2} \right) = 1$ を考慮して，

$$2s(1-2\theta) \leq 1$$

が得られます。これにより，$1-2\theta \leq 0$ のとき，すなわち $\frac{1}{2} \leq \theta \leq 1$ のとき差分式は無条件で安定であることがわかります。θ-法では，$\theta = \frac{1}{2}$ のときはクランク・ニコルソン法，$\theta = 1$ のときは陰解法に相当するので，クランク・ニコルソン法と陰解法は無条件安定であることがわかります。$1-2\theta \geq 0$ のとき，すなわち $0 \leq \theta < \frac{1}{2}$ のとき，差分式は次の条件が成立する場合に安定です。

$$0 \leq s \leq \frac{1}{2-4\theta}$$

3.6 境界条件

偏微分方程式の境界条件のうち，すでに陽解法や陰解法の例で見たように，境界点での u の値を指定する条件を第1種の境界条件またはディリクレ条件と呼びます。境界点における $\frac{\partial u}{\partial x}$，すなわち境界の外向き法線方向の微分係数を指定するものを第2種の境界条件またはノイマン条件と呼びます。ディリクレ条件とノイマン条件が複合したものを第3種の境界条件またはロビン条件と呼びます。

熱伝導の解析においてよく使用される境界条件には，次のようなものがあります。

温度指定境界	第1種境界条件	$u = T$
断熱境界	第2種境界条件	$\frac{\partial u}{\partial x} = 0$
熱流束指定境界	第2種境界条件	$k\frac{\partial u}{\partial x} = q$
熱伝達係数指定境界	第3種境界条件	$k\frac{\partial u}{\partial x} + h \cdot u = h \cdot u_\infty$

T は境界の温度，u_∞ は境界から十分離れた地点における温度，q は熱流束，k は熱伝導率，h は熱伝達係数を表します。

3.6.1 第1種境界条件

第1種境界条件の指定の仕方はこれまで説明したとおりです。方程式と境界条件が，

$$\frac{\partial u}{\partial t} = \alpha \frac{\partial^2 u}{\partial x^2}, \quad 0 < x < L, \quad u(0,t) = u_0, \quad u(L,t) = u_L$$

と与えられたときの陰解法の場合を例に取ると，1 行目および M 行目（添え字では $M-1$ 番目）の式がそれぞれ，

$$u_0^{n+1} = u_0$$

$$u_{M-1}^{n+1} = u_L$$

となるように行列を組み立てます．

$$\begin{pmatrix} 1 & 0 & \cdots & & \cdots & 0 \\ -s & (1+2s) & -s & & & \ddots & \vdots \\ 0 & -s & (1+2s) & -s & & & \vdots \\ \vdots & & \ddots & & & & \vdots \\ \vdots & & & -s & (1+2s) & -s & 0 \\ \vdots & \ddots & & & -s & (1+2s) & -s \\ 0 & \cdots & \cdots & \cdots & & 0 & 1 \end{pmatrix} \begin{pmatrix} u_0^{n+1} \\ u_1^{n+1} \\ u_2^{n+1} \\ \vdots \\ u_{M-3}^{n+1} \\ u_{M-2}^{n+1} \\ u_{M-1}^{n+1} \end{pmatrix} = \begin{pmatrix} u_0 \\ u_1^n \\ u_2^n \\ \vdots \\ u_{M-3}^n \\ u_{M-2}^n \\ u_L \end{pmatrix}$$

さらに，2 行目と $M-1$ 行目（添え字では $M-2$ 番目）の既知の値を右辺に移動することにより，行列を対称行列とすることができます．

$$\begin{pmatrix} 1 & 0 & \cdots & & \cdots & 0 \\ 0 & (1+2s) & -s & & & \ddots & \vdots \\ 0 & -s & (1+2s) & -s & & & \vdots \\ \vdots & & \ddots & & & & \vdots \\ \vdots & & & -s & (1+2s) & -s & 0 \\ \vdots & \ddots & & & -s & (1+2s) & 0 \\ 0 & \cdots & \cdots & \cdots & & 0 & 1 \end{pmatrix} \begin{pmatrix} u_0^{n+1} \\ u_1^{n+1} \\ u_2^{n+1} \\ \vdots \\ u_{M-3}^{n+1} \\ u_{M-2}^{n+1} \\ u_{M-1}^{n+1} \end{pmatrix} = \begin{pmatrix} u_0 \\ u_1^n + s \cdot u_0 \\ u_2^n \\ \vdots \\ u_{M-3}^n \\ u_{M-2}^n + s \cdot u_L \\ u_L \end{pmatrix}$$

連立 1 次方程式の計算では，行列の対称性を利用することでメモリの使用量を節約することができます．この例の場合，境界部分を連立方程式として解く必要がなくなるので，$M \times M$ の行列計算が，$(M-2) \times (M-2)$ の行列計算で済むこ

3.6.2 第2種境界条件

熱流束指定境界条件をクランク・ニコルソン法の差分式に組み込むことを考えます。

$$\frac{\partial u}{\partial t} = \alpha \frac{\partial^2 u}{\partial x^2}, \quad 0 < x < L, \quad -k\frac{\partial u}{\partial x} = q_0 \ (x=0), \quad k\frac{\partial u}{\partial x} = q_L \ (x=L)$$

境界条件を差分化する際，領域の外にそれぞれ $i=-1$，$i=M$ となるような架空のノードを想定します。

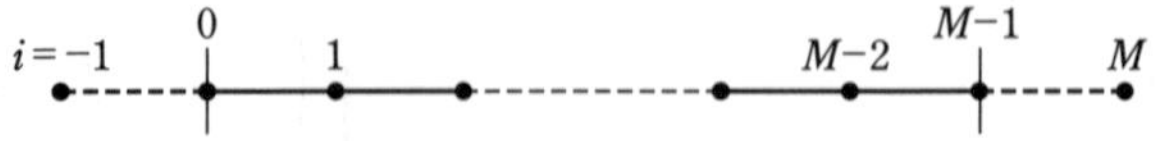

図 3.4 境界外の架空のノード

すると，境界条件は中心差分により次のように表現することができます。

$$-k\frac{\partial u}{\partial x} \simeq -k\frac{u_1^n - u_{-1}^n}{2\Delta x} = q_0 \quad (x=0) \tag{3.9}$$

$$k\frac{\partial u}{\partial x} \simeq k\frac{u_M^n - u_{M-2}^n}{2\Delta x} = q_L \quad (x=L) \tag{3.10}$$

一方で，1次元非定常熱伝導方程式のクランク・ニコルソン法による差分化の $i=0$，$i=M-1$ の点における離散化式は，それぞれ，

$$-su_{-1}^{n+1} + (2+2s)u_0^{n+1} - su_1^{n+1} = su_{-1}^n + (2-2s)u_0^n + su_1^n \quad (i=0)$$

$$-su_{M-2}^{n+1} + (2+2s)u_{M-1}^{n+1} - su_M^{n+1} = su_{M-2}^n + (2-2s)u_{M-1}^n + su_M^n \quad (i=M-1)$$

$$s = \frac{\alpha \Delta t}{(\Delta x)^2}$$

となりますので，式 (3.9)，式 (3.10) を時刻 n と $n+1$ で用意して，架空の点 $i=-1$ と $i=M$ を消去するように解くと，

$$(2+2s)u_0^{n+1} - 2su_1^{n+1} = (2-2s)u_0^n + 2su_1^n + 4s\frac{\Delta x q_0}{k}$$

$$-2su_{M-2}^{n+1} + (2+2s)u_{M-1}^{n+1} = 2su_{M-2}^n + (2-2s)u_{M-1}^n + 4s\frac{\Delta x q_L}{k}$$

が得られ，行列に組み込める形が得られます．断熱境界については，$q_0 = 0$ または $q_L = 0$ で得られます．

3.6.3 第3種境界条件

熱伝達係数指定境界の場合も，第2種境界条件と同様に求めることができます．

$$-k\frac{\partial u}{\partial x} + h_0 u \simeq -k\frac{u_1^n - u_{-1}^n}{2\Delta x} + h_0 u_0^n = h_0 u_{\infty,0} \quad (x=0)$$

$$k\frac{\partial u}{\partial x} + h_L u \simeq k\frac{u_M^n - u_{M-2}^n}{2\Delta x} + h_L u_L^n = h_L u_{\infty,L} \quad (x=L)$$

と方程式の離散化式から架空の点 $i = -1$，$i = M$ を消去するように解きます．

クランク・ニコルソン法の場合は次のようになります．

$$(2 + 2s\beta_0) u_0^{n+1} - 2s u_1^{n+1} = (2 - 2s\beta_0) u_0^n + 2s u_1^n + 4s\gamma_0 \quad (i=0)$$

$$-2s u_{M-2}^{n+1} + (2 + 2s\beta_L) u_{M-1}^{n+1} = 2s u_{M-2}^n + (2 - 2s\beta_L) u_{M-1}^n + 4s\gamma_L \quad (i=M-1)$$

$$\beta_0 = 1 + \frac{\Delta x h_0}{k}, \quad \gamma_0 = \frac{\Delta x h_0}{k} u_{\infty,0}, \quad \beta_L = 1 + \frac{\Delta x h_L}{k}, \quad \gamma_L = \frac{\Delta x h_L}{k} u_{\infty,L}$$

3.7　一様でない領域

これまでは，熱伝導率 k および密度 ρ，比熱 c が一定であることを考えてきましたが，解析領域が複数の物質で構成されているなど，熱伝導率および比熱，密度が位置 x の関数である場合を考えます．まず，方程式，

$$\rho c(x) \frac{\partial u}{\partial t} = \frac{\partial}{\partial x}\left(k(x)\frac{\partial u}{\partial x}\right)$$

の右辺の外側の微分については，$x + \frac{1}{2}\Delta x$ と $x - \frac{1}{2}\Delta x$ で中心差分を取ります．$x = x_i$ から見て $x + \frac{1}{2}\Delta x$ の位置にある点を $x_{i+\frac{1}{2}}$，$x - \frac{1}{2}\Delta x$ の位置にある点を $x_{i-\frac{1}{2}}$ と表記すると，

$$\left.\frac{\partial}{\partial x}\left(k(x)\frac{\partial u}{\partial x}\right)\right|_{x=x_i} \simeq \frac{\left.k\frac{\partial u}{\partial x}\right|_{x=x_{i+\frac{1}{2}}} - \left.k\frac{\partial u}{\partial x}\right|_{x=x_{i-\frac{1}{2}}}}{\Delta x}$$

となります。内側の微分に関しては，

$$k\frac{\partial u}{\partial x}\bigg|_{x=x_{i+\frac{1}{2}}} \simeq k_{i+\frac{1}{2}}\frac{u_{i+1}-u_i}{\Delta x}$$

$$k\frac{\partial u}{\partial x}\bigg|_{x=x_{i-\frac{1}{2}}} \simeq k_{i-\frac{1}{2}}\frac{u_i-u_{i-1}}{\Delta x}$$

となりますので，

$$\frac{\partial}{\partial x}\left(k(x)\frac{\partial u}{\partial x}\right)\bigg|_{x=x_i} \simeq \frac{k_{i+\frac{1}{2}}(u_{i+1}-u_i)-k_{i-\frac{1}{2}}(u_i-u_{i-1})}{(\Delta x)^2}$$

が得られます。左辺については，

$$\rho c(x)\frac{\partial u}{\partial t} \simeq (\rho c)_i\frac{u_i^{n+1}-u_i^n}{\Delta t}$$

となりますので，ここでも平均の重みθを導入して，

$$(\rho c)_i\frac{u_i^{n+1}-u_i^n}{\Delta t} = \theta\left[\frac{k_{i+\frac{1}{2}}\left(u_{i+1}^{n+1}-u_i^{n+1}\right)-k_{i-\frac{1}{2}}\left(u_i^{n+1}-u_{i-1}^{n+1}\right)}{(\Delta x)^2}\right]$$
$$+ (1-\theta)\left[\frac{k_{i+\frac{1}{2}}\left(u_{i+1}^n-u_i^n\right)-k_{i-\frac{1}{2}}\left(u_i^n-u_{i-1}^n\right)}{(\Delta x)^2}\right]$$

と表すと，$\theta=0$のとき陽解法，$\theta=1$のとき陰解法，$\theta=\frac{1}{2}$のときクランク・ニコルソン法となります。

$i-\frac{1}{2}$，$i+\frac{1}{2}$の値が必要になってしまうkについては，kがxに関して連続な関数であれば，ノードの中間点におけるkの値を容易に求めることができるのですが，kが離散化されている場合には，k_{i-1}，k_i，k_{i+1}によって$k_{i+\frac{1}{2}}$，$k_{i-\frac{1}{2}}$を表現する必要があります。

最も単純には，算術平均を使って求める方法があります。

$$k_{i+\frac{1}{2}} = \frac{k_i+k_{i+1}}{2}, \quad k_{i-\frac{1}{2}} = \frac{k_{i-1}+k_i}{2}$$

熱伝導率そのものを平均化するよりも，熱流束を平均化すると考える場合には調和平均のほうがより目的に適っているといえます。

$$\frac{1}{k_{i+\frac{1}{2}}} = \frac{\frac{1}{k_i} + \frac{1}{k_{i+1}}}{2}, \quad \frac{1}{k_{i-\frac{1}{2}}} = \frac{\frac{1}{k_{i-1}} + \frac{1}{k_i}}{2}$$

その他には幾何平均が使われる場合もあります。

$$k_{i+\frac{1}{2}} = (k_i k_{i+1})^{\frac{1}{2}}, \quad k_{i-\frac{1}{2}} = (k_{i-1} k_i)^{\frac{1}{2}}$$

3.8　非線形問題

熱伝導率などの物性値が温度によって変化するような場合，

$$\rho c(u) \frac{\partial u}{\partial t} = \frac{\partial}{\partial x}\left(k(u)\frac{\partial u}{\partial x}\right)$$

も先ほどと同様に考えればよいのですが，温度によって係数が変化するということは，時刻 n における値と時刻 $n+1$ における値が異なるということなので，係数の時間変化を考慮して，

$$\frac{u_i^{n+1} - u_i^n}{\Delta t} = \theta \left[\frac{\frac{k_{i+\frac{1}{2}}^{n+1}}{(\rho c)_i^{n+1}}\left(u_{i+1}^{n+1} - u_i^{n+1}\right) - \frac{k_{i-\frac{1}{2}}^{n+1}}{(\rho c)_i^{n+1}}\left(u_i^{n+1} - u_{i-1}^{n+1}\right)}{(\Delta x)^2} \right]$$
$$+ (1-\theta) \left[\frac{\frac{k_{i+\frac{1}{2}}^{n}}{(\rho c)_i^{n}}\left(u_{i+1}^{n} - u_i^{n}\right) - \frac{k_{i-\frac{1}{2}}^{n}}{(\rho c)_i^{n}}\left(u_i^{n} - u_{i-1}^{n}\right)}{(\Delta x)^2} \right]$$

となります。ところが，いま求めようとしているのが，時刻 $n+1$ の温度 u^{n+1} ですから，時刻 $n+1$ における $k^{n+1}(u)$，$\rho c(u)^{n+1}$ も未知です。

時刻 $n+1$ における k，ρc を，既知の値で近似する必要があるわけですが，その1つの方法として次のようなものが考えられます。

$$k^{n+1} \simeq k^n + \left(\frac{\partial k}{\partial t}\right)^n \Delta t$$
$$\simeq k^n + \left(\frac{\partial k}{\partial u}\right)^n \left(\frac{\partial u}{\partial t}\right)^n \Delta t$$

$$\simeq k^n + \left(\frac{\partial k}{\partial u}\right)^n \left(\frac{u^n - u^{n-1}}{\Delta t}\right) \Delta t$$

$$\simeq k^n + \left(\frac{\partial k}{\partial u}\right)^n (u^n - u^{n-1})$$

$$\rho c^{n+1} \simeq \rho c^n + \left(\frac{\partial \rho c}{\partial u}\right)^n (u^n - u^{n-1})$$

物性値を温度の多項式の形で表現しておけば，$\left(\frac{\partial k}{\partial u}\right)^n$, $\left(\frac{\partial \rho c}{\partial u}\right)^n$ は比較的容易に求めることができます。

なお，非線形問題の解法には，この他に時刻 $n+1$ の値を反復的に求める方法などもあります。

3.9 ADI 法

3.9.1 2次元拡散方程式

2次元の非定常熱伝導方程式を差分化します。

$$\frac{\partial u}{\partial t} = \alpha \left(\frac{\partial^2 u}{\partial x^2} + \frac{\partial^2 u}{\partial y^2}\right)$$

陽解法では，

$$\frac{u_{i,j}^{n+1} - u_{i,j}^n}{\Delta t} = \alpha \left(\frac{u_{i+1,j}^n - 2u_{i,j}^n + u_{i-1,j}^n}{\Delta x^2} + \frac{u_{i,j+1}^n - 2u_{i,j}^n + u_{i,j-1}^n}{\Delta y^2}\right)$$

となるので，

$$s_x = \frac{\alpha \Delta t}{(\Delta x)^2}, \quad s_y = \frac{\alpha \Delta t}{(\Delta y)^2}$$

として，左辺に未知，右辺に既知の項をまとめると，

$$u_{i,j}^{n+1} = u_{i,j}^n + s_x(u_{i-1,j}^n - 2u_{i,j}^n + u_{i+1,j}^n) + s_y(u_{i,j-1}^n - 2u_{i,j}^n + u_{i,j+1}^n)$$

のように変形できます。説明を簡単にするため，Δx, Δy を等しいとすると，

$$u_{i,j}^{n+1} = s(u_{i-1,j}^n + u_{i+1,j}^n + u_{i,j-1}^n + u_{i,j+1}^n) + (1-4s)u_{i,j}^n$$

が得られます．1次元の場合と同様に考えて $1-4s \geq 0$ でなくてはならないので，

$$s = \frac{\alpha \Delta t}{(\Delta)^2} \leq \frac{1}{4}$$

となり，2次元の場合には1次元に比べて2倍ほども制約が厳しくなることがわかります．

この制約を避けるため，陰解法にした場合，

$$\frac{u_{i,j}^{n+1} - u_{i,j}^n}{\Delta t} = \alpha \left(\frac{u_{i+1,j}^{n+1} - 2u_{i,j}^{n+1} + u_{i-1,j}^{n+1}}{\Delta x^2} + \frac{u_{i,j+1}^{n+1} - 2u_{i,j}^{n+1} + u_{i,j-1}^{n+1}}{\Delta y^2} \right)$$

時間項で整理して，

$$s_x u_{i+1,j}^{n+1} + s_x u_{i-1,j}^{n+1} - (2s_x + 2s_y + 1)u_{i,j}^{n+1} + s_y u_{i,j+1}^{n+1} + s_y u_{i,j-1}^{n+1} = -u_{i,j}^n$$

となります．この形の方程式の計算の方法は次章で詳しく説明しますが，行列が大きくなってしまうため，計算量が多くなってしまいます．行列の大きさについては，クランク・ニコルソン法でも同じことがいえます．

ADI(Alternating Direction Implicit)法は，時間ステップを2段階に分け，最初の時間ステップにおいては，x方向には陰解法，y方向には陽解法で差分化し，次の時間ステップにおいては，x方向には陽解法，y方向には陰解法で差分化するというように，時間ステップごとに差分化法を入れ替える方法です．方程式は，

$$\frac{u_{i,j}^{n+1} - u_{i,j}^n}{\Delta t} = \alpha \left(\frac{u_{i-1,j}^{n+1} - 2u_{i,j}^{n+1} + u_{i+1,j}^{n+1}}{(\Delta x)^2} + \frac{u_{i,j-1}^n - 2u_{i,j}^n + u_{i,j+1}^n}{(\Delta y)^2} \right)$$

$$\frac{u_{i,j}^{n+2} - u_{i,j}^{n+1}}{\Delta t} = \alpha \left(\frac{u_{i-1,j}^{n+1} - 2u_{i,j}^{n+1} + u_{i+1,j}^{n+1}}{(\Delta x)^2} + \frac{u_{i,j-1}^{n+2} - 2u_{i,j}^{n+2} + u_{i,j+1}^{n+2}}{(\Delta y)^2} \right)$$

と表され，時間で整理して，

$$-s_x u_{i+1,j}^{n+1} + (1+2s_x)u_{i,j}^{n+1} - s_x u_{i-1,j}^{n+1} = s_y u_{i,j+1}^n + (1-2s_y)u_{i,j}^n + s_y u_{i,j-1}^n$$

$$-s_y u_{i,j+1}^{n+2} + (1+2s_y)u_{i,j}^{n+2} - s_y u_{i,j-1}^{n+2} = s_x u_{i+1,j}^{n+1} + (1-2s_x)u_{i,j}^{n+1} + s_x u_{i-1,j}^{n+1}$$

が得られます．ADI法は打ち切り誤差が $O[(\Delta x)^2, (\Delta y)^2, (\Delta t)^2]$ で，無条件安定でありながら，各ステップでは3重対角行列の計算を行えばよいので計算量が少なくてすみます．

具体的に，次の問題を ADI 法で計算するプログラムを掲載します。u が x, y, t の関数であり，$u(x,y,t)$ と表されるとします。

$$\frac{\partial u}{\partial t} = \alpha \left(\frac{\partial^2 u}{\partial x^2} + \frac{\partial^2 u}{\partial y^2} \right), \quad 0 < x < 1, \quad 0 < y < 1$$

$$u(0,y,t) = 0, \quad u(1,y,t) = 0, \quad u(x,0,t) = 0, \quad u(x,1,t) = 0$$

初期値 $u(x,y,0)$ については，

$$u(x,y,0) = \exp\left(-\frac{1}{2}\left(\frac{x-x_u^c}{\sigma_{ux}}\right)^2 - \frac{1}{2}\left(\frac{y-y_u^c}{\sigma_{uy}}\right)^2 \right)$$

とします。x_u^c, y_u^c はピークの位置，σ は標準偏差を表します。初期値をグラフ表示すると図3.5のようになります。

リスト10のプログラムを実行すると，時間ステップごとに結果がファイル出力されます。時間による変化を実感するには，結果をアニメーション表示させるのが効果的です。付録Dでは，時間ステップごとのファイルからGIFアニメーションを作成する方法について解説しているので，プログラムが実行できたら，ぜひアニメーション表示させてみてください。

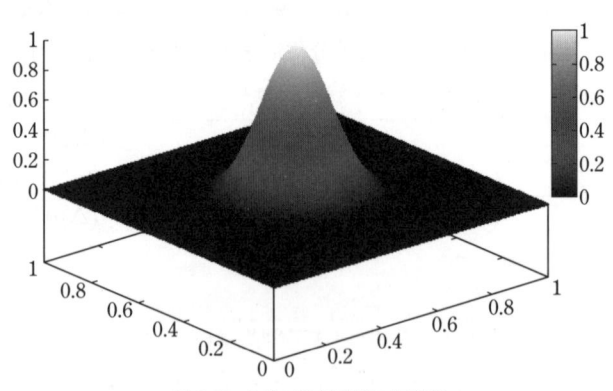

図 3.5 2次元拡散問題の初期値

リスト 10　Main プログラム

```csharp
1   using System;
2   using System.IO;
3   namespace NumericalSolution {
4     class Diffusion2DMain {
5       static int numberOfNodesInX = 101;
6       static int numberOfNodesInY = 101;
7       static double deltaT = 0.01;
8       static int endCount = 100;
9       static bool outswitch = true;
10
11      public static void Main(String[] args) {
12
13        Diffusion2DADI sim = new Diffusion2DADI();
14        sim.NumberOfNodesInX = numberOfNodesInX;
15        sim.NumberOfNodesInY = numberOfNodesInY;
16        sim.DeltaX = 1.0 / (numberOfNodesInX - 1);
17        sim.DeltaY = 1.0 / (numberOfNodesInY - 1);
18        sim.DeltaT = deltaT;
19        sim.Alpha = 0.005;
20
21        double[,] u = PrepareInitialValues(sim);
22
23        for (int i = 0; i <= endCount; i++) {
24          if (outswitch == true) {
25            double timeInMiliseconds = i * sim.DeltaT * 1000.0;
26            Print(sim, u, "c:/nsworkspace/adi2d_"
27              + timeInMiliseconds.ToString("00000") + ".txt");
28          }
29          sim.NextStep(u);
30        }
31      }
32
33      public static double[,] PrepareInitialValues(Diffusion2DADI sim) {
34        double[,] u = new double[sim.NumberOfNodesInX,
35                                 sim.NumberOfNodesInY];
36        for (int j = 0; j < sim.NumberOfNodesInY; j++) {
37          for (int i = 0; i < sim.NumberOfNodesInX; i++) {
38            double x = i * sim.DeltaX;
39            double y = j * sim.DeltaY;
40
41            u[i, j] = Math.Exp(-0.5 * Math.Pow((x - 0.5) / 0.1, 2.0)
42                               -0.5 * Math.Pow((y - 0.5) / 0.1, 2.0));
43
44            if (i == 0 || i == numberOfNodesInX - 1 ||
45                j == 0 || j == numberOfNodesInY - 1) {
```

```csharp
          u[i, j] = 0.0;
        }
      }
    }
    return u;
  }

  public static void Print(Diffusion2DADI sim, double[,] u,
                           String outfile) {
    StreamWriter writer = File.CreateText(outfile);
    for (int i = 0; i < u.GetLength(0); i++) {
      for (int j = 0; j < u.GetLength(1); j++) {
        double x = i * sim.DeltaX;
        double y = j * sim.DeltaY;
        writer.WriteLine(x + " " + y + " " + u[i, j]);
      }
      writer.WriteLine();
    }
    writer.Close();
  }
 }
}
```

リスト 11　ADI法のプログラム

```csharp
using System;
using System.Collections.Generic;
using System.Linq;
using System.Text;
using System.IO;
using LatoolNet;

namespace NumericalSolution {
  class Diffusion2DADI {

    private double m_deltax;
    private double m_deltay;
    private double m_deltat;
    private double m_alpha;
    private int m_nx;
    private int m_ny;
    private double m_boundaryCondition = 0.0;

    public int NumberOfNodesInX {
      get { return m_nx; }
      set { m_nx = value; }
```

```
22        }
23
24        public int NumberOfNodesInY {
25          get { return m_ny; }
26          set { m_ny = value; }
27        }
28
29        public double DeltaX {
30          get { return m_deltax; }
31          set { m_deltax = value; }
32        }
33
34        public double DeltaY {
35          get { return m_deltay; }
36          set { m_deltay = value; }
37        }
38
39        public double DeltaT {
40          get { return m_deltat; }
41          set { m_deltat = value; }
42        }
43
44        public double Alpha {
45          get { return m_alpha; }
46          set { m_alpha = value; }
47        }
48
49        public void NextStep(double[,] u) {
50
51          double[,] u_half = new double[m_nx, m_ny];
52
53          for (int j = 1; j < m_ny - 1; j++) {
54            StepI(u, u_half, j);
55          }
56
57          for (int i = 1; i < m_nx - 1; i++) {
58            StepII(u, u_half, i);
59          }
60
61        }
62
63        private void StepI(double[,] u, double[,] u_half, int j) {
64
65          Matrix mat = new Matrix(m_nx, m_nx, 3);
66          Matrix vec = new Matrix(m_nx, 1);
67
68          mat[0, 0] = 1;
```

```csharp
          vec[0, 0] = m_boundaryCondition;

          double rx;
          double ry;

          for (int i = 1; i < m_nx - 1; i++) {

            rx = (m_alpha * m_deltat) / (m_deltax * m_deltax);
            ry = (m_alpha * m_deltat) / (m_deltay * m_deltay);

            mat[i, i - 1] = -rx;
            mat[i, i] = (1 + 2 * rx);
            mat[i, i + 1] = -rx;
            vec[i, 0] = ry * u[i, j - 1]
                      + (1 - 2 * ry) * u[i, j]
                      + ry * u[i, j + 1];
          }

          mat[m_nx - 1, m_nx - 1] = 1;
          vec[m_nx - 1, 0] = m_boundaryCondition;

          LUFactorization.Solve(mat, vec);

          for (int i = 0; i < m_nx; i++) {
            u_half[i, j] = vec[i, 0];
          }

          mat.Dispose();
          vec.Dispose();

        }

        private void StepII(double[,] u, double[,] u_half, int i) {

          Matrix mat = new Matrix(m_ny, m_ny, 3);
          Matrix vec = new Matrix(m_ny, 1);

          mat[0, 0] = 1;
          vec[0, 0] = m_boundaryCondition;

          double rx;
          double ry;

          for (int j = 1; j < m_ny - 1; j++) {

            rx = (m_alpha * m_deltat) / (m_deltax * m_deltax);
            ry = (m_alpha * m_deltat) / (m_deltay * m_deltay);
```

```
116
117            mat[j, j - 1] = -ry;
118            mat[j, j] = (1 + 2 * ry);
119            mat[j, j + 1] = -ry;
120            vec[j, 0] = rx * u_half[i - 1, j]
121                      + (1 - 2 * rx) * u_half[i, j]
122                      + rx * u_half[i + 1, j];
123          }
124
125          mat[m_ny - 1, m_ny - 1] = 1;
126          vec[m_ny - 1, 0] = m_boundaryCondition;
127
128          LUFactorization.Solve(mat, vec);
129
130          for (int j = 0; j < m_ny; j++) {
131            u[i, j] = vec[j, 0];
132          }
133
134          mat.Dispose();
135          vec.Dispose();
136        }
137      }
138    }
```

3.9.2　3次元拡散方程式

3次元の場合にも ADI 法を適用することができます．

$$\frac{\partial u}{\partial t} = \alpha \left(\frac{\partial^2 u}{\partial x^2} + \frac{\partial^2 u}{\partial y^2} + \frac{\partial^2 u}{\partial z^2} \right)$$

2次元の場合と同様に考え，時間ステップを3段階に分け，

$$\frac{u_{i,j,k}^{n+1} - u_{i,j,k}^n}{\alpha \Delta t} = \frac{u_{i+1,j,k}^{n+1} - 2u_{i,j,k}^{n+1} + u_{i-1,j,k}^{n+1}}{\Delta x^2}$$
$$+ \frac{u_{i,j+1,k}^n - 2u_{i,j,k}^n + u_{i,j-1,k}^n}{\Delta y^2} + \frac{u_{i,j,k+1}^n - 2u_{i,j,k}^n + u_{i,j,k-1}^n}{\Delta z^2}$$

$$\frac{u_{i,j,k}^{n+2} - u_{i,j,k}^{n+1}}{\alpha \Delta t} = \frac{u_{i+1,j,k}^{n+1} - 2u_{i,j,k}^{n+1} + u_{i-1,j,k}^{n+1}}{\Delta x^2}$$
$$+ \frac{u_{i,j+1,k}^{n+2} - 2u_{i,j,k}^{n+2} + u_{i,j-1,k}^{n+2}}{\Delta y^2} + \frac{u_{i,j,k+1}^{n+1} - 2u_{i,j,k}^{n+1} + u_{i,j,k-1}^{n+1}}{\Delta z^2}$$

$$\frac{u_{i,j,k}^{n+3}-u_{i,j,k}^{n+2}}{\alpha\Delta t}=\frac{u_{i+1,j,k}^{n+2}-2u_{i,j,k}^{n+2}+u_{i-1,j,k}^{n+2}}{\Delta x^2}$$
$$+\frac{u_{i,j+1,k}^{n+2}-2u_{i,j,k}^{n+2}+u_{i,j-1,k}^{n+2}}{\Delta y^2}+\frac{u_{i,j,k+1}^{n+3}-2u_{i,j,k}^{n+3}+u_{i,j,k-1}^{n+3}}{\Delta z^2}$$

とすれば良いように思われますが，この差分スキームは条件付き安定であることが指摘されています。

クランク・ニコルソン法を応用した Douglas-Gunn の方法は，打ち切り誤差が $O[(\Delta x)^2, (\Delta y)^2, (\Delta z)^2, (\Delta t)^2]$ であり，無条件安定 です。

$$\frac{u_{i,j,k}^{n+1}-u_{i,j,k}^{n}}{\alpha\Delta t}=\frac{1}{2}\left(\frac{u_{i+1,j,k}^{n+1}-2u_{i,j,k}^{n+1}+u_{i-1,j,k}^{n+1}}{\Delta x^2}+\frac{u_{i+1,j,k}^{n}-2u_{i,j,k}^{n}+u_{i-1,j,k}^{n}}{\Delta x^2}\right)$$
$$+\frac{u_{i,j+1,k}^{n}-2u_{i,j,k}^{n}+u_{i,j-1,k}^{n}}{\Delta y^2}+\frac{u_{i,j,k+1}^{n}-2u_{i,j,k}^{n}+u_{i,j,k-1}^{n}}{\Delta z^2}$$

$$\frac{u_{i,j,k}^{n+2}-u_{i,j,k}^{n}}{\alpha\Delta t}=\frac{1}{2}\left(\frac{u_{i+1,j,k}^{n+1}-2u_{i,j,k}^{n+1}+u_{i-1,j,k}^{n+1}}{\Delta x^2}+\frac{u_{i+1,j,k}^{n}-2u_{i,j,k}^{n}+u_{i-1,j,k}^{n}}{\Delta x^2}\right)$$
$$+\frac{1}{2}\left(\frac{u_{i,j+1,k}^{n+2}-2u_{i,j,k}^{n+2}+u_{i,j-1,k}^{n+2}}{\Delta y^2}+\frac{u_{i,j+1,k}^{n}-2u_{i,j,k}^{n}+u_{i,j-1,k}^{n}}{\Delta y^2}\right)$$
$$+\frac{u_{i,j,k+1}^{n}-2u_{i,j,k}^{n}+u_{i,j,k-1}^{n}}{\Delta z^2}$$

$$\frac{u_{i,j,k}^{n+3}-u_{i,j,k}^{n}}{\alpha\Delta t}=\frac{1}{2}\left(\frac{u_{i+1,j,k}^{n+1}-2u_{i,j,k}^{n+1}+u_{i-1,j,k}^{n+1}}{\Delta x^2}+\frac{u_{i+1,j,k}^{n}-2u_{i,j,k}^{n}+u_{i-1,j,k}^{n}}{\Delta x^2}\right)$$
$$+\frac{1}{2}\left(\frac{u_{i,j+1,k}^{n+2}-2u_{i,j,k}^{n+2}+u_{i,j-1,k}^{n+2}}{\Delta y^2}+\frac{u_{i,j+1,k}^{n}-2u_{i,j,k}^{n}+u_{i,j-1,k}^{n}}{\Delta y^2}\right)$$
$$+\frac{1}{2}\left(\frac{u_{i,j,k+1}^{n+3}-2u_{i,j,k}^{n+3}+u_{i,j,k-1}^{n+3}}{\Delta z^2}+\frac{u_{i,j,k+1}^{n}-2u_{i,j,k}^{n}+u_{i,j,k-1}^{n}}{\Delta z^2}\right)$$

それぞれ時間で整理して，

$$-s_x u_{i-1,j,k}^{n+1}+2(1+s_x)u_{i,j,k}^{n+1}-s_x u_{i+1,j,k}^{n+1}$$
$$=s_x u_{i-1,j,k}^{n}+2s_y u_{i,j-1,k}^{n}+2r_z u_{i,j,k-1}^{n}+2(1-s_x-2s_y-2s_z)u_{i,j,k}^{n}$$
$$+s_x u_{i+1,j,k}^{n}+2s_y u_{i,j+1,k}^{n}+2s_z u_{i,j,k+1}^{n}$$

$$-s_y u_{i,j-1,k}^{n+2} + 2(1+s_y)u_{i,j,k}^{n+2} - s_y u_{i,j+1,k}^{n+2}$$
$$= s_x u_{i-1,j,k}^{n+1} - 2s_x u_{i,j,k}^{n+1} + s_x u_{i+1,j,k}^{n+1} + s_x u_{i-1,j,k}^n + s_y u_{i,j-1,k}^n + 2s_z u_{i,j,k-1}^n$$
$$+ 2(1-s_x-s_y-2s_z)u_{i,j,k}^n + s_x u_{i+1,j,k}^n + s_y u_{i,j+1,k}^n + 2s_z u_{i,j,k+1}^n$$

$$-s_z u_{i,j,k-1}^{n+3} + 2(1+s_z)u_{i,j,k}^{n+3} - s_z u_{i,j,k+1}^{n+3}$$
$$= s_x u_{i-1,j,k}^{n+1} - 2s_x u_{i,j,k}^{n+1} + s_x u_{i+1,j,k}^{n+1} + s_y u_{i,j-1,k}^{n+2} - 2s_y u_{i,j,k}^{n+2} + s_y u_{i,j+1,k}^{n+2}$$
$$+ s_x u_{i-1,j,k}^n + s_y u_{i,j-1,k}^n + s_z u_{i,j,k-1}^n + 2(1-s_x-s_y-s_z)u_{i,j,k}^n$$
$$+ s_x u_{i+1,j,k}^n + s_y u_{i,j+1,k}^n + s_z u_{i,j,k+1}^n$$

$$s_x = \frac{\alpha \Delta t}{(\Delta x)^2}, \quad s_y = \frac{\alpha \Delta t}{(\Delta y)^2}, \quad s_z = \frac{\alpha \Delta t}{(\Delta z)^2}$$

となりますので，やはり各時間ステップにおいては，3重対角行列の計算ですむことがわかります．

3.10　1次元移流方程式

これまでは，放物型の拡散方程式を取り上げてきましたが，有限差分法の最後として，双曲型の偏微分方程式である1次元移流方程式，

$$\frac{\partial u}{\partial t} + a\frac{\partial u}{\partial x} = 0 \tag{3.11}$$

を取り上げます．この方程式の解析解は，

$$u(x,t) = u(x-at, 0)$$

で表されます．すなわち，1次元移流方程式は，初期状態における u の分布がそのままの形状で，x 軸方向に速度 a で移動する様子を表した方程式です．

3.10.1　風上法

式 (3.11) を時間について前進差分，空間について後退差分を行う最も単純な差分化について考えます．

$$\frac{u_j^{n+1}-u_j^n}{\Delta t}+a\frac{u_j^n-u_{j-1}^n}{\Delta x}=0, \quad x=j\Delta x, \quad t=n\Delta t$$

時間で整理して，

$$u_j^{n+1}=(1-c)u_j^n+cu_{j-1}^n, \quad c=\frac{a\Delta t}{\Delta x}$$

となります．安定性について解析しますと，

$$G=1-c+ce^{-i\beta_m\Delta x}=\{1-c+c\cos(\beta_m\Delta x)\}-c\sin(\beta_m\Delta x)i$$

G が複素数を含んでいますので，$|G|^2$ で考えて，

$$\begin{aligned}|G|^2&=\{1-c+c\cos(\beta_m\Delta x)\}^2+c^2\sin^2(\beta_m\Delta x)\\&=(1-c)^2+2c(1-c)\cos(\beta_m\Delta x)+c^2=1-2c(1-c)\{1-\cos(\beta_m\Delta x)\}\\&=1-4c(1-c)\sin^2(\frac{\beta_m\Delta x}{2})\end{aligned}$$

ですので，すべての β_m を考慮して，$0\leq c\leq 1$ が必要となることがわかります．この条件は，移流方程式の他の差分スキームにもしばしば見られ，CFL(Courant, Friedrich, Lewy) 条件またはクーラン条件と呼ばれます．ただし，$a>0$ でなければならないことに注意が必要です．$a<0$ の場合，すなわち $c<0$ においては，$|G|^2\geq 1$ となり，無条件不安定となってしまうことがわかります．これを避けるため，$a<0$ の場合には，方程式の差分化の際に，空間に対して前進差分を取ることで，$0\leq |c|\leq 1$ で安定となります．すなわち，

$$u_j^{n+1}=\begin{cases}(1+c)u_j^n-cu_{j+1}^n & a<0\text{ のとき}\\(1-c)u_j^n+cu_{j-1}^n & a>0\text{ のとき}\end{cases}$$

となるように場合分けして差分化する方法を風上法または上流法と呼びます．

それでは，u_{j-1}^n と u_{j+1}^n を両方含む中心差分ならば，場合分けせずにすみ都合が良いのでは，と考えたくなるところです．

$$\frac{u_j^{n+1}-u_j^n}{\Delta t}+a\frac{u_{j+1}^n-u_{j-1}^n}{\Delta x}=0$$

フォン・ノイマンの安定性解析を適用してみると，

$$G = 1 - \frac{c}{2}(e^{i\beta_m \Delta x} - e^{-i\beta_m \Delta x}) = 1 - c\sin(\beta_m \Delta x)i$$

したがって，

$$|G|^2 = 1 + c^2 \sin^2(\beta_m \Delta x) \geq 1$$

となり，無条件不安定となってしまいます．このように，ある方程式に有効な差分化法でも別な方程式では使うことができない場合があるので，方程式を差分化する際には注意が必要です．

風上法の動作をプログラムで確認するために次のような問題を考えます．

$$\frac{\partial u}{\partial t} = a(x,t)\frac{\partial u}{\partial x}, \quad x \geq 0, \quad t \geq 0$$

$$a(x,t) = \frac{1+x^2}{1+2xt+2x^2+x^4}, \quad u(x,0) = \exp\left(-10(4x-1)^2\right), \quad u(0,t) = 0$$

このときの解析解は次のように表されます．

$$u(x,t) = u\left(x - \frac{t}{1+x^2}, 0\right)$$

リスト12　Mainプログラム

```
1   using System;
2   using System.IO;
3
4   namespace NumericalSolution {
5     class Convection1DMain {
6
7       static String outfile = "c:/nsworkspace/convection1d.txt";
8       static double deltax = 0.01;
9       static double deltat = 0.01;
10      static double endt = 1.5;
11
12      static void Main(string[] args) {
13
14        Convection1D sim = new Convection1DUpWind();
15        sim.DeltaX = deltax;
16        sim.DeltaTime = deltat;
17        sim.NumberOfNodes = 150;
18        sim.Type = Convection1D.WaveType.Gaussian;
19        sim.Prepare();
20
```

```
21          double[] result = null;
22          while (sim.CurrentTime <= endt) {
23            result = sim.Next();
24          }
25
26          StreamWriter writer = File.CreateText(outfile);
27          writer.WriteLine("time=" + sim.CurrentTime);
28          writer.WriteLine("x , exact, numerical");
29          for (int i = 0; i < result.Length; i++) {
30            writer.Write(i * deltax + ", ");
31            writer.Write(u(i * deltax, sim.CurrentTime, sim) + ", ");
32            writer.Write(result[i]);
33            writer.WriteLine();
34          }
35          writer.Close();
36
37        }
38
39        private static double u(double x, double t, Convection1D sim) {
40          double xdash = x - t / (1 + x * x);
41          return sim.u(xdash);
42        }
43
44    }
45  }
```

リスト 13 Convection1D 抽象クラス

```
1   using System;
2   namespace NumericalSolution {
3     abstract class Convection1D {
4
5       protected double p_deltaX;
6       protected double p_deltaTime;
7       protected double p_currentTime;
8       protected double[] p_next_u;
9       protected double[] p_current_u;
10      protected int p_numberOfNodes = 150;
11      protected WaveType p_waveType;
12
13      public enum WaveType {
14        Gaussian,
15        Square
16      }
17
18      public double DeltaX {
```

```
19        get { return p_deltaX; }
20        set { p_deltaX = value; }
21      }
22
23      public double DeltaTime {
24        get { return p_deltaTime; }
25        set { p_deltaTime = value; }
26      }
27
28      public double CurrentTime {
29        get { return p_currentTime; }
30      }
31
32      public int NumberOfNodes {
33        get { return p_numberOfNodes; }
34        set { p_numberOfNodes = value; }
35      }
36
37      public WaveType Type {
38        get { return p_waveType; }
39        set { p_waveType = value; }
40      }
41
42      public virtual void Prepare() {
43        p_next_u = new double[p_numberOfNodes];
44        p_current_u = new double[p_numberOfNodes];
45
46        p_currentTime = 0.0;
47
48        for (int i = 0; i < p_numberOfNodes; i++) {
49          p_next_u[i] = u(i * p_deltaX);
50        }
51      }
52
53      protected void Age() {
54        for (int i = 0; i < p_numberOfNodes; i++) {
55          p_current_u[i] = p_next_u[i];
56        }
57      }
58
59      abstract public double[] Next();
60
61      protected double a(double x, double t) {
62        return (1 + Math.Pow(x, 2.0)) /
63          (1 + 2 * x * t + 2 * Math.Pow(x, 2.0) + Math.Pow(x, 4.0));
64      }
65
```

```
66     public double u(double x) {
67       if (p_waveType.Equals(WaveType.Gaussian)) {
68         return Gaussian(x);
69       } else if (p_waveType.Equals(WaveType.Square)) {
70         return Square(x);
71       } else {
72         return Double.NaN;
73       }
74     }
75
76     private double Gaussian(double x) {
77       return Math.Exp(-10 * Math.Pow(4 * x - 1, 2.0));
78     }
79
80     private double Square(double x) {
81       if (x >= 0.2 && x <= 0.4) {
82         return 1.0;
83       } else {
84         return 0.0;
85       }
86     }
87
88   }
89 }
```

リスト 14 風上法のプログラム

```
 1  namespace NumericalSolution {
 2    class Convection1DUpWind : Convection1D {
 3      public override double[] Next() {
 4        base.Age();
 5
 6        p_next_u[0] = 0.0;
 7        for (int i = 1; i < p_numberOfNodes - 1; i++) {
 8          double nu = a(i * p_deltaX, p_currentTime)
 9                      * p_deltaTime / p_deltaX;
10          p_next_u[i] = p_current_u[i]
11                      - nu * (p_current_u[i] - p_current_u[i - 1]);
12        }
13        p_next_u[p_numberOfNodes - 1] = 0.0;
14        p_currentTime += p_deltaTime;
15        return p_next_u;
16      }
17    }
18  }
```

プログラムを実行すると，解析解と数値解の両方が CSV 形式のファイルで出力されるので，EXCEL で操作することができます．図 3.6〜3.8 は，$t = 0.5$, 1.0, 1.5 のそれぞれの時刻におけるプログラムの出力結果をグラフ表示したものです．時間が進むにつれて，波形が減衰している様子が見てとれます．この減衰の原因は，風上法の差分式に隠されています．風上法における空間に対する微分は，

$$a\frac{\partial u}{\partial x} \simeq a\frac{u_j^n - u_{j-1}^n}{\Delta x}$$

と近似されていたわけですが，これは意図せずして，

$$a\frac{u_j^n - u_{j-1}^n}{\Delta x} = \frac{a}{2\Delta x}(u_{j+1}^n - u_{j-1}^n) - \frac{a}{2\Delta x}(u_{j+1}^n - 2u_j^n + u_{j-1}^n)$$

$$= a\frac{(u_{j+1}^n - u_{j-1}^n)}{2\Delta x} - \frac{a\Delta x}{2}\frac{(u_{j+1}^n - 2u_j^n + u_{j-1}^n)}{(\Delta x)^2}$$

と等価であるためです．第 2 項にあるとおり，もともとの方程式にはなかった 2

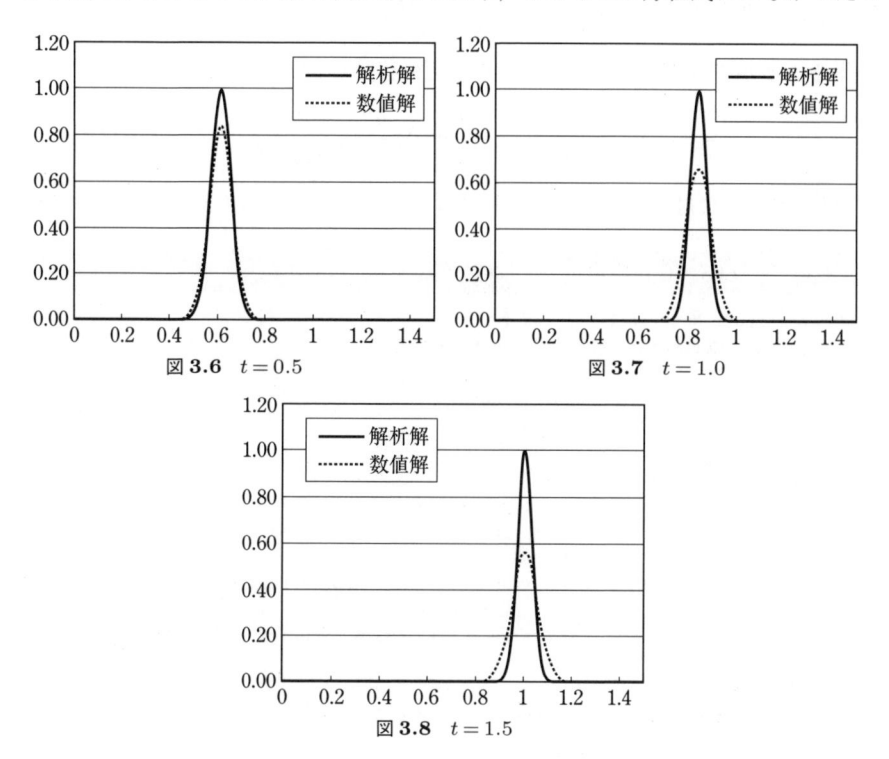

図 3.6 $t = 0.5$

図 3.7 $t = 1.0$

図 3.8 $t = 1.5$

階微分 $\left(\frac{\partial^2 u}{\partial x^2}\right)$，すなわち拡散の性質が紛れ込んでしまっているのです。

3.10.2 Lax-Wendroff 法

Lax-Wendroff 法は，テイラー展開を利用して打ち切り誤差を小さくする差分化法です。u_j^{n+1} をテイラー展開で表現すると，

$$u_j^{n+1} = u_j^n + \Delta t \frac{\partial u}{\partial t} + \frac{(\Delta t)^2}{2} \frac{\partial^2 u}{\partial x^2} + O(\Delta t)^3 \tag{3.12}$$

となるので，移流方程式より，

$$\frac{\partial u}{\partial t} = -a \frac{\partial u}{\partial x}, \quad \frac{\partial^2 u}{\partial x^2} = a^2 \frac{\partial^2 u}{\partial x^2}$$

をそれぞれ中心差分で近似して，式 (3.12) に代入し，

$$u_j^{n+1} = u_j^n - a \Delta t \frac{u_{j+1}^n - u_{j-1}^n}{2\Delta x} + \frac{1}{2} a^2 (\Delta t)^2 \frac{u_{j+1}^n - 2u_j^n + u_{j+1}^n}{(\Delta x)^2} + O(\Delta t)^3$$

を得ることができます。右辺第 1 項を左辺に移動し，両辺を Δt で割れば，

$$\frac{u_j^{n+1} - u_j^n}{\Delta t} = -a \frac{u_{j+1}^n - u_{j-1}^n}{2\Delta x} + \frac{1}{2} a^2 \Delta t \frac{u_{j+1}^n - 2u_j^n + u_{j+1}^n}{(\Delta x)^2} + O(\Delta t)^2$$

となります。x に対して中心差分を行っているので，誤差は $O[(\Delta x)^2, (\Delta t)^2]$ です。

リスト 15　Lax-Wendroff 法のプログラム

```
1   namespace NumericalSolution {
2     class Convection1DLW : Convection1D {
3   
4       public override double[] Next() {
5         base.Age();
6   
7         p_next_u[0] = 0.0;
8         for (int i = 1; i < p_numberOfNodes - 1; i++) {
9           double nu = (a(i * p_deltaX, p_currentTime) * p_deltaTime) /
10                       p_deltaX;
11          p_next_u[i] = 0.5 * nu * (1 + nu) * p_current_u[i - 1]
12                       + (1 - nu * nu) * p_current_u[i]
13                       - 0.5 * nu * (1 - nu) * p_current_u[i + 1];
14        }
15      }
16      p_next_u[p_numberOfNodes - 1] = 0.0;
```

```
17          p_currentTime += p_deltaTime;
18          return p_next_u;
19      }
20   }
21 }
```

プログラムを実行するためには，Convection1DMain.cs を以下のように変更してください．

```
Convection1D sim = new Convection1DUpWind();
       ↓
Convection1D sim = new Convection1DLW();
```

風上法に比べ，誤差が小さくなっていることが確認できます (図 3.9)．ところが，初期値をパルス波にした場合，図 3.10 のとおり，変化量の大きい位置の近傍では振動が生じてしまうことがわかります．

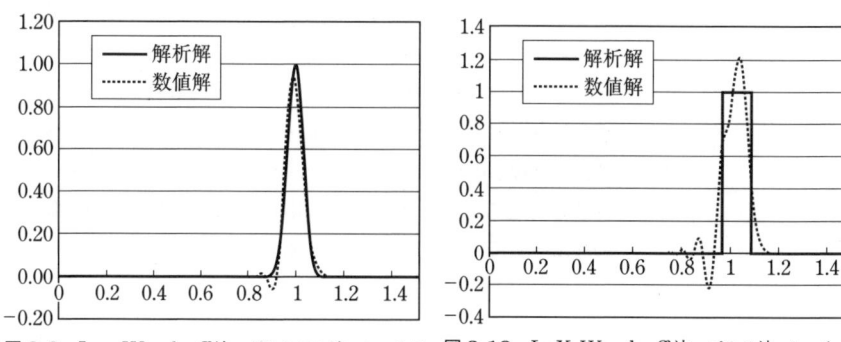

図 **3.9** Lax-Wendroff法，ガウシアン波，$t = 1.5$　　図 **3.10** LaX-Wendroff法，パルス波，$t = 1.5$

この問題は CIP 法などにより解決することが知られていますが，有限差分法の枠組みからは外れてしまいますので本書では扱いません．発展的な内容に興味のある方は専門書を参照されるようお願いします．

なお，プログラム中でガウシアン波をパルス波にするためには，Convection1DMain.cs を以下のように変更してください．

```
sim.Type = Convection1D.WaveType.Gaussian;
       ↓
sim.Type = Convection1D.WaveType.Square;
```

第4章

有限体積法

　有限体積法は，積分記号が出てくるのでハードルが高いという印象をもつ方が多いかもしれません。しかし，その意味するところは，すでにここまで読まれた方は習得できています。自信のない方は1章で説明された熱伝導の方程式の導出の考え方を思い出しながら，読み進めていくとよいと思います。

　この章では，有限体積法とともに，行列の計算方法である直接法と反復法に焦点を当てています。本書で扱うような簡単な例では，反復法の利点が見えにくくなってしまいますが，考え方は理解してもらえると思います。本章の最後では，数値流体力学の深みへもう一歩進んでいき，移流拡散方程式を取り上げます。

4.1　コントロール・ボリューム

1次元定常熱伝導方程式，

$$\frac{\partial}{\partial x}\left(k\frac{\partial u}{\partial x}\right)\Delta x\Delta y\Delta z + H\Delta x\Delta y\Delta z = 0 \tag{4.1}$$

を考えます。有限体積法では熱伝導方程式の導出のときと同様に，コントロール・ボリュームと呼ばれる小さい要素を想定し，その熱収支を考えます。このため，有限体積法はコントロール・ボリューム法とも呼ばれます。あるコントロール・ボリュームの単位時間当たりの温度上昇は，その左側のコントロール・ボリュームか

ら単位時間に流入する熱量と，その右側のコントロール・ボリュームへ単位時間に流出する熱量との差に，そのコントロール・ボリューム内部の単位時間当たりの発熱量を足せば算出することができました．これを隣のコントロール・ボリューム，またその隣のコントロール・ボリュームというようにつぎつぎと適用していき，得られた方程式を連立して解けば，それぞれのコントロール・ボリュームの温度が求められます．

式 (4.1) は，各辺の長さがそれぞれ Δx, Δy, Δz である直方体のコントロール・ボリュームを想定しているわけですが，コントロール・ボリュームの体積を V とすれば，より一般的に，

$$\int_{\Delta V} \frac{\partial}{\partial x}\left(k\frac{\partial u}{\partial x}\right)dV + \int_{\Delta V} HdV = 0 \tag{4.2}$$

と表現されるので，多くの有限体積法の教科書ではこの積分形が用いられています．

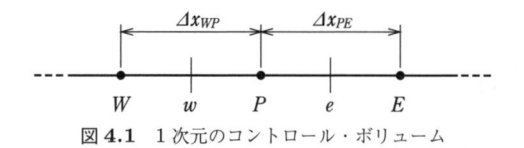

図 4.1 1次元のコントロール・ボリューム

あるノード P を含むコントロール・ボリュームの領域を w から e までとします (図 4.1)．また，ノード P はノード W(West)，E(East) に隣接しています．伝熱面積を $A(=\Delta y \Delta z)$, $\bar{H}$ をコントロール・ボリュームにおける平均的な発熱量 (離散化されている場合には領域の代表値) とすると，式 (4.2) の左辺第1項は，x 軸方向の熱流により蓄積される熱量を表しているので，

$$\int_{\Delta V} \frac{\partial}{\partial x}\left(k\frac{\partial u}{\partial x}\right)dV + \int_{\Delta V} HdV$$
$$= \left(kA\frac{\partial u}{\partial x}\right)_e - \left(kA\frac{\partial u}{\partial x}\right)_w + \bar{H}\Delta V = 0 \tag{4.3}$$

を計算すればよいことがわかります．位置 e, w における熱伝導率をそれぞれ k_e, k_w, 伝熱面積をそれぞれ A_e, A_w として，$\frac{\partial u}{\partial x}$ を中心差分で近似すると，

$$\left(kA\frac{\partial u}{\partial x}\right)_e = k_e A_e \left(\frac{u_E - u_P}{\Delta x_{PE}}\right)$$

となるので，式 (4.3) は，

$$\left(kA\frac{\partial u}{\partial x}\right)_w = k_w A_w \left(\frac{u_P - u_W}{\Delta x_{WP}}\right)$$

$$k_e A_e \left(\frac{u_E - u_P}{\Delta x_{PE}}\right) - k_w A_w \left(\frac{u_P - u_W}{\Delta x_{WP}}\right) + HA_P\Delta x = 0 \quad (4.4)$$

と表すことができます。これを u で整理して得られる方程式，

$$-\frac{k_w A_w}{\Delta x_{WP}}u_W + \left(\frac{k_e A_e}{\Delta x_{PE}} + \frac{k_w A_w}{\Delta x_{WP}}\right)u_P - \frac{k_e A_e}{\Delta x_{PE}}u_E = HA_P\Delta x \quad (4.5)$$

を連立して解けば，それぞれのコントロール・ボリュームの温度を求めることができます。k_w, k_e については，ノードの中間点ですのでシンプルに算術平均

$$k_w = \frac{k_W + k_P}{2}, \quad k_e = \frac{k_P + k_E}{2}$$

で求めるか，調和平均，幾何平均を使って求めることもできます。

4.2 境界条件

領域が n 個のコントロール・ボリュームに分けられ，図 4.2 のように位置づけられているとします。領域の左端の温度を T_A，右端の温度を T_B とします。また，表記を簡単にするため，境界において k, A は一定とします。

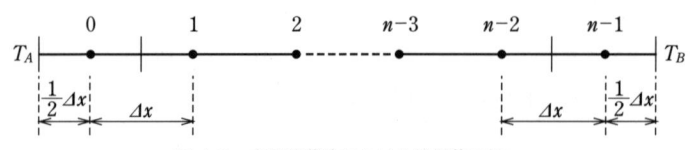

図 4.2 有限体積法における境界値の扱い

境界においては微分の近似として中心差分を取ることができないので，左端を前進差分，右端を後退差分で微分を近似します。そうすると，式 (4.4) は左端において，

$$kA\left(\frac{u_1 - u_0}{\Delta x}\right) - kA\left(\frac{u_0 - T_A}{\frac{1}{2}\Delta x}\right) + HA\Delta x = 0 \quad (\text{左端})$$

すなわち,

$$\frac{3kA}{\Delta x}u_0 - \frac{kA}{\Delta x}u_1 = HA\Delta x + \frac{2kA}{\Delta x}T_A \tag{4.6}$$

となり,同様に右端についても,

$$kA\left(\frac{T_B - u_{n-1}}{\frac{1}{2}\Delta x}\right) - kA\left(\frac{u_{n-1} - u_{n-2}}{\Delta x}\right) + HA\Delta x = 0 \quad (右端)$$

すなわち,

$$-\frac{kA}{\Delta x}u_{n-2} + \frac{3kA}{\Delta x}u_{n-1} = HA\Delta x + \frac{2kA}{\Delta x}T_B \tag{4.7}$$

となることがわかります。

以上により,ディリクレ条件を方程式に組み込むことができるようになりました。一方,ノイマン条件については,式 (4.3) に明らかなように,微分形式の条件を境界に直接代入すればよいことがわかります。

4.3　1次元ポアソン方程式

1次元のポアソン方程式,

$$\frac{\partial^2 u}{\partial x^2} + \beta = 0, \quad 0 < x < 1, \quad u(0) = 0, \quad u(1) = 1$$

を考えます。式 (4.5) より,係数が $A = k = 1$ で一定,またコントロール・ボリュームの大きさが h で一定であると考え,

$$-\frac{1}{h}u_W + \frac{2}{h}u_P - \frac{1}{h}u_E = \beta h$$

が得られます。境界条件については,$u(0) = T_A = 0$,$u(1) = T_B = 1$ をそれぞれ,式 (4.6),式 (4.7) に代入し,

$$\frac{3}{h}u_0 - \frac{1}{h}u_1 = \beta h \quad (左端), \quad -\frac{1}{h}u_{n-2} + \frac{3}{h}u_{n-1} = \beta h + \frac{2}{h} \quad (右端)$$

が得られます。したがって,解くべき行列は次のようになります。

$$\begin{pmatrix} \frac{3}{h} & -\frac{1}{h} & & & & & \\ -\frac{1}{h} & \frac{2}{h} & -\frac{1}{h} & & & & \\ & -\frac{1}{h} & \frac{2}{h} & -\frac{1}{h} & & & \\ & & \ddots & & & & \\ & & & -\frac{1}{h} & \frac{2}{h} & -\frac{1}{h} & \\ & & & & -\frac{1}{h} & \frac{2}{h} & -\frac{1}{h} \\ & & & & & -\frac{1}{h} & \frac{3}{h} \end{pmatrix} \begin{pmatrix} u_0 \\ u_1 \\ u_2 \\ \vdots \\ u_{n-3} \\ u_{n-2} \\ u_{n-1} \end{pmatrix} = \begin{pmatrix} \beta h \\ \beta h \\ \beta h \\ \vdots \\ \beta h \\ \beta h \\ \beta h + \frac{2}{h} \end{pmatrix}$$

結果の出力の際は，解析領域が $0 < x < L$ の場合，u_0 の位置は $x = \frac{\Delta x}{2}$，u_{n-1} の位置は $x = L - \frac{\Delta x}{2}$ であることを考慮する必要があります。

問題の方程式の解析解は，

$$u = -\frac{1}{2}\beta x^2 + \left(\frac{1}{2}\beta + 1\right)x$$

と表されますので，数値解析の結果と比較することができます。以下のプログラムは，解析解と数値解の両方を CSV 形式のファイルに出力します。

リスト 16　Main プログラム

```
1   using System;
2   using System.IO;
3   using LatoolNet;
4
5   namespace NumericalSolution {
6     class Poisson1DFVMain {
7
8       static String outfile = "c:/nsworkspace/poisson1d_fv.csv";
9       static double beta = 5.0;
10      static int numberOfControlVolumes = 20;
11
12      public static void Main() {
13
14        Poisson1DFV sim = new Poisson1DFV();
15        sim.NumberOfControlVolumes = numberOfControlVolumes;
16        sim.Beta = beta;
17        Matrix result = sim.Solve();
18
19        StreamWriter writer = File.CreateText(outfile);
20        writer.WriteLine("x" + "," + "exact" + "," + "numerical");
```

```
21        for (int i = 0; i < numberOfControlVolumes; i++) {
22          double x = sim.posx(i);
23          double exact = u(x);
24          double numerical = result[i, 0];
25
26          writer.Write(x + ", ");
27          writer.Write(exact + ", ");
28          writer.WriteLine(numerical);
29        }
30        writer.Close();
31      }
32
33      static double u(double x) {
34        return -0.5 * beta * x * x + (0.5 * beta + 1) * x;
35      }
36    }
37  }
```

リスト 17　Poisson1DFV クラス

```
1   using LatoolNet;
2
3   namespace NumericalSolution {
4     class Poisson1DFV {
5
6       private int m_numberOfControlVolumes;
7       private double m_deltax;
8       private double m_beta;
9
10      public int NumberOfControlVolumes {
11        get { return m_numberOfControlVolumes; }
12        set {
13          m_numberOfControlVolumes = value;
14          m_deltax = 1.0 / m_numberOfControlVolumes;
15        }
16      }
17
18      public double Beta {
19        get { return m_beta; }
20        set { m_beta = value; }
21      }
22
23      public double DeltaX {
24        get { return m_deltax; }
25      }
26
```

```
27      public Matrix Solve() {
28
29        int bandWidth = 3;
30        Matrix mat = new Matrix(m_numberOfControlVolumes,
31                                m_numberOfControlVolumes, bandWidth);
32        Matrix vec = new Matrix(m_numberOfControlVolumes, 1);
33
34        double T_L = 0.0;
35        double T_R = 1.0;
36
37        mat[0, 0] = 3 / m_deltax;
38        mat[0, 1] = -1 / m_deltax;
39        vec[0, 0] = m_beta * m_deltax + 2 * T_L / m_deltax;
40
41        for (int i = 1; i < m_numberOfControlVolumes - 1; i++) {
42          mat[i, i - 1] = -1 / m_deltax;
43          mat[i, i] = 2 / m_deltax;
44          mat[i, i + 1] = -1 / m_deltax;
45          vec[i, 0] = m_beta * m_deltax;
46        }
47
48        mat[m_numberOfControlVolumes - 1, m_numberOfControlVolumes - 1]
49          = 3 / m_deltax;
50        mat[m_numberOfControlVolumes - 1, m_numberOfControlVolumes - 2]
51          = -1 / m_deltax;
52        vec[m_numberOfControlVolumes - 1, 0]
53          = m_beta * m_deltax + 2 * T_R / m_deltax;
54
55        LUFactorization.Solve(mat, vec);
56        return vec;
57      }
58
59      public double posx(int i) {
60        return m_deltax / 2.0 + i * m_deltax;
61      }
62    }
63  }
```

4.4 1次元拡散方程式

1次元拡散方程式,

$$\rho c \frac{\partial u}{\partial t} = \frac{\partial}{\partial x}\left(k\frac{\partial u}{\partial x}\right) + H$$

は，コントロール・ボリュームを用いて，

$$\int_t^{t+\Delta t}\int_{\Delta V}\rho c\frac{\partial u}{\partial t}dVdt = \int_t^{t+\Delta t}\int_{\Delta V}\frac{\partial}{\partial x}\left(k\frac{\partial u}{\partial x}\right)dVdt + \int_t^{t+\Delta t}\int_{\Delta V}HdVdt$$

と表されます。

時刻 t および $t+\Delta t$ における温度をそれぞれ u^t, $u^{t+\Delta t}$ と表記することにして，まず左辺に注目すると，

$$\begin{aligned}左辺 &= \int_{\Delta V}\left[\int_t^{t+\Delta t}\rho c\frac{\partial u}{\partial t}dt\right]dV = \int_{\Delta V}[\rho c(u^{t+\Delta t}-u^t)]dV \\ &= \rho c(u_P^{t+\Delta t}-u_P^t)\Delta V\end{aligned}$$

と変形できます。一方，右辺については，

$$\begin{aligned}右辺 &= \int_t^{t+\Delta t}\left[\left(kA\frac{\partial u}{\partial x}\right)_e - \left(kA\frac{\partial u}{\partial x}\right)_w\right]dt + \int_t^{t+\Delta t}\bar{H}\Delta V dt \\ &= \int_t^{t+\Delta t}\left[\left(k_e A_e\frac{u_E-u_P}{\Delta x_{PE}}\right) - \left(k_w A_w\frac{u_P-u_W}{\Delta x_{WP}}\right)\right]dt + \int_t^{t+\Delta t}\bar{H}\Delta V dt\end{aligned}$$

となるので，時間の積分については台形則

$$\int_t^{t+\Delta t}udt \simeq \frac{1}{2}u^t\Delta t + \frac{1}{2}u^{t+\Delta t}\Delta t$$

を使って，

$$\begin{aligned}\rho c(u_P^{t+\Delta t}-u_P^t)A_P\Delta x &= \frac{1}{2}\left[\left(k_e A_e\frac{u_E^t-u_P^t}{\Delta x_{PE}}\right) - \left(k_w A_w\frac{u_P^t-u_W^t}{\Delta x_{WP}}\right)\right]\Delta t \\ &+ \frac{1}{2}\left[\left(k_e A_e\frac{u_E^{t+\Delta t}-u_P^{t+\Delta t}}{\Delta x_{PE}}\right) - \left(k_w A_w\frac{u_P^{t+\Delta t}-u_W^{t+\Delta t}}{\Delta x_{WP}}\right)\right]\Delta t \\ &+ \bar{H}A_P\Delta x\Delta t\end{aligned} \quad (4.8)$$

が得られます。一見すると複雑に見えますが，コントロール・ボリュームの大きさを Δx で一定と仮定して，k, ρc, A が位置によらず一定，発熱もないとすれば，

$$\begin{aligned}\frac{(u_P^{t+\Delta t}-u_P^t)}{\Delta t}\Delta x &= \frac{\alpha}{2}\left[\left(\frac{u_E^t-u_P^t}{\Delta x}\right) - \left(\frac{u_P^t-u_W^t}{\Delta x}\right)\right] \\ &+ \frac{\alpha}{2}\left[\left(\frac{u_E^{t+\Delta t}-u_P^{t+\Delta t}}{\Delta x}\right) - \left(\frac{u_P^{t+\Delta t}-u_W^{t+\Delta t}}{\Delta x}\right)\right]\end{aligned}$$

となります。$s = \frac{\alpha \Delta t}{(\Delta x)^2}$ と置き，時間で整理すると，

$$-su_W^{t+\Delta t} + (2+2s)u_P^{t+\Delta t} - su_E^{t+\Delta t} = su_W^t + (2-2s)u_P^t + su_E^t$$

となり，有限差分法でのクランク・ニコルソン法の式と一致することがわかります。

式 (4.8) では，積分を台形則で計算しましたが，より一般的に，

$$\int_t^{t+\Delta t} u \, dt \simeq \theta u^{t+\Delta t} \Delta t + (1-\theta) u^t \Delta t$$

と表され，$\theta = 0$ のとき陽解法，$\theta = 1$ のとき陰解法，$\theta = \frac{1}{2}$ のとき，すなわち台形則のときクランク・ニコルソン法であることがわかります。

4.5　2次元ポアソン方程式

2次元ポアソン方程式,

$$\frac{\partial}{\partial x}\left(k\frac{\partial u}{\partial x}\right) + \frac{\partial}{\partial y}\left(k\frac{\partial u}{\partial y}\right) + H = 0 \tag{4.9}$$

を有限体積法で離散化する際には，図 4.3 のようなコントロール・ボリュームを考えます。

あるノードを P として，縦横方向にそれぞれ隣接するノードを N(North)，S(South)，W(West)，E(East) とします。また，それらの中間点をそれぞれ n,

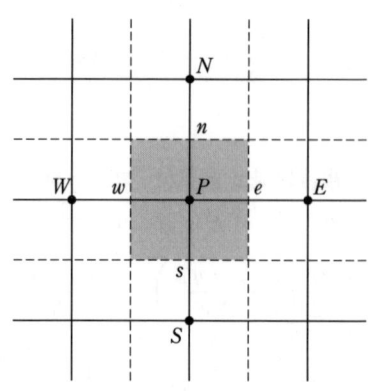

図 4.3　2次元のコントロール・ボリューム

s, w, e で表します．コントロール・ボリューム P は，x 方向が w から e までの Δx の大きさ，y 方向が n から s までの Δy の大きさであるとします．

式 (4.9) は，

$$\int_{\Delta V} \frac{\partial}{\partial x}\left(k\frac{\partial u}{\partial x}\right)dV + \int_{\Delta V}\frac{\partial}{\partial y}\left(k\frac{\partial u}{\partial y}\right)dV + \int_{\Delta V} H dV$$

$$= \left[k_e\left(\frac{\partial u}{\partial x}\right)_e - k_w\left(\frac{\partial u}{\partial x}\right)_w\right]\Delta y + \left[k_n\left(\frac{\partial u}{\partial y}\right)_n - k_s\left(\frac{\partial u}{\partial y}\right)_s\right]\Delta x + H\Delta x\Delta y$$

$$= k_e\Delta y\frac{(u_E - u_P)}{\Delta x} - k_w\Delta y\frac{(u_P - u_W)}{\Delta x}$$

$$+ k_n\Delta x\frac{(u_N - u_P)}{\Delta y} - k_s\Delta x\frac{(u_P - u_S)}{\Delta y} + H\Delta x\Delta y = 0 \quad (4.10)$$

となります．

4.6 直接法による計算

プログラムで動作を確認するために，次のような問題を考えます．

$$\frac{\partial^2 u}{\partial x^2} + \frac{\partial^2 u}{\partial y^2} + f(x,y) = 0, \quad 0 < x < 1, \quad 0 < y < 1,$$
$$u(x,0) = 0, \quad u(x,1) = 0, \quad u(0,y) = 0, \quad u(1,y) = 0$$
$$f(x,y) = -2x(x-1) - 2y(y-1)$$

この問題の解析解は次式のように表されます．

$$u(x,y) = x(x-1)y(y-1)$$

式 (4.10) を u で整理して，境界以外については $k = 1$ で一様であると考えて，

$$-\frac{\Delta y}{\Delta x}u_E - \frac{\Delta y}{\Delta x}u_W - \frac{\Delta x}{\Delta y}u_N - \frac{\Delta x}{\Delta y}u_S$$
$$+ \left(\frac{\Delta y}{\Delta x} + \frac{\Delta y}{\Delta x} + \frac{\Delta x}{\Delta y} + \frac{\Delta x}{\Delta y}\right)u_P = H\Delta x\Delta y$$

を得ます．

境界についても 1 次元と同様に考えればよいので，例えば東側の境界について

は，境界値が $u(1, y)$ であるとすると，式 (4.10) より，

$$\Delta y \frac{(u(1,y)-u_P)}{\frac{1}{2}\Delta x} - \Delta y \frac{(u_P - u_W)}{\Delta x}$$
$$+ \Delta x \frac{(u_N - u_P)}{\Delta y} - \Delta x \frac{(u_P - u_S)}{\Delta y} + H\Delta x \Delta y = 0$$

となるので，u で整理して，

$$-\frac{\Delta y}{\Delta x}u_W - \frac{\Delta x}{\Delta y}u_N - \frac{\Delta x}{\Delta y}u_S$$
$$+ \left(\frac{2\Delta y}{\Delta x} + \frac{\Delta y}{\Delta x} + \frac{\Delta x}{\Delta y} + \frac{\Delta x}{\Delta y}\right)u_P = H\Delta x \Delta y + \frac{2\Delta y}{\Delta x}u(1,y)$$

を得ることができます．西側，北側，南側についても同様に求めることができます．

コントロール・ボリュームの温度 u を，i, j により $u_{i,j}$ で表せば，

$$u_P = u_{i,j}, \quad u_W = u_{i-1,j}, \quad u_E = u_{i+1,j}, \quad u_N = u_{i,j+1}, \quad u_S = u_{i,j-1}$$
$$x = i\Delta x, \quad y = j\Delta y$$

となります．x 方向のコントロール・ボリューム数を n_x，y 方向のコントロール・ボリューム数を n_y として，例えば，$u_{i,j}$ を $(i+j\times n_y)$ 番となるように通し番号を付与すれば，得られた方程式は，$(n_x \times n_y)$ 行 $(n_x \times n_y)$ 列の行列に組み込むことができます．

リスト 18〜21 に問題の方程式を解くプログラムを掲載します．プログラムを実行すると，gnuplot で読込み可能なファイルが出力されます (図 4.4)．

また，問題の方程式の解析解との誤差を出力ファイルの末尾に出力するので，コントロール・ボリューム数を変化させて実行することで，誤差がどのように変化するかを見ることができます．

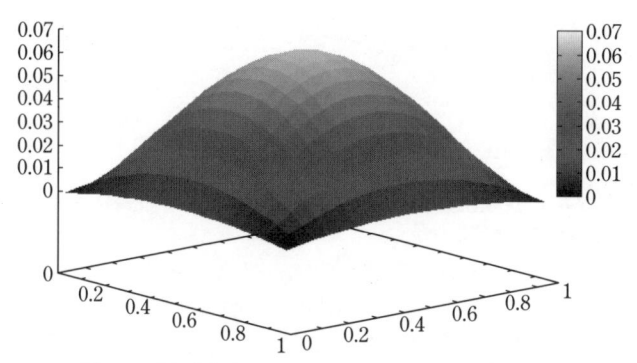

図 4.4 有限体積法による 2 次元ポアソン方程式の数値解

リスト 18　Main プログラム

```
1   using System;
2   using System.IO;
3   using System.Text;
4   using LatoolNet;
5
6   namespace NumericalSolution {
7     class Poisson2DFVDirectMain {
8
9       static String outfile = "c:/nsworkspace/poisson2d_fv_direct.txt";
10      static int numberOfControlVolumes = 20;
11
12      public static void Main() {
13
14        Poisson2DFVDirect sim = new Poisson2DFVDirect();
15        sim.NumberOfControlVolumes = numberOfControlVolumes;
16
17        sim.Prepare();
18        ROResult2D result = sim.Solve();
19
20        double totalError = 0.0;
21        int count = 0;
22        StreamWriter writer = File.CreateText(outfile);
23        for (int i = 0; i < numberOfControlVolumes; i++) {
24          for (int j = 0; j < numberOfControlVolumes; j++) {
25            double x = sim.posx(i);
26            double y = sim.posy(j);
27            double exact = u(x, y);
28            double numerical = result[i, j];
29            totalError += Math.Abs(exact - numerical) / exact;
```

```
30              count++;
31              writer.Write(x + ", ");
32              writer.Write(y + ", ");
33              writer.WriteLine(numerical);
34            }
35            writer.WriteLine();
36          }
37          writer.WriteLine("#AVERAGE ERROR RATIO: " + totalError / count);
38          writer.Close();
39        }
40
41        private static double u(double x, double y) {
42          return x * (x - 1) * y * (y - 1);
43        }
44      }
45    }
```

リスト 19 Poisson2DFV 抽象クラス

```
1   namespace NumericalSolution {
2     abstract class Poisson2DFV {
3       protected int p_numberOfControlVolumes;
4       protected double p_deltax;
5       protected double p_deltay;
6
7       public int NumberOfControlVolumes {
8         get { return p_numberOfControlVolumes; }
9         set {
10          p_numberOfControlVolumes = value;
11          p_deltax = 1.0 / p_numberOfControlVolumes;
12          p_deltay = 1.0 / p_numberOfControlVolumes;
13        }
14      }
15
16      public double DeltaX {
17        get { return p_deltax; }
18      }
19
20      public double DeltaY {
21        get { return p_deltay; }
22      }
23
24      public abstract void Prepare();
25      public abstract ROResult2D Solve();
26
27      protected int index(int i, int j) {
```

```
28        return j * p_numberOfControlVolumes + i;
29      }
30
31      public double posx(int i) {
32        return p_deltax / 2.0 + i * p_deltax;
33      }
34
35      public double posy(int j) {
36        return p_deltay / 2.0 + j * p_deltay;
37      }
38
39      protected double f(double x, double y) {
40        return -2 * x * (x - 1) - 2 * y * (y - 1);
41      }
42    }
43  }
```

リスト20 Poisson2DFVDirect クラス

```
1   using System;
2   using LatoolNet;
3
4   namespace NumericalSolution {
5     class Poisson2DFVDirect : Poisson2DFV {
6
7       private Matrix m_u;
8       private Matrix m_b;
9
10      public override void Prepare() {
11
12        int rownum = p_numberOfControlVolumes * p_numberOfControlVolumes;
13        int colnum = p_numberOfControlVolumes * p_numberOfControlVolumes;
14        int bandWidth = 2 * p_numberOfControlVolumes + 1;
15        m_u = new Matrix(rownum, colnum, bandWidth);
16        m_b = new Matrix(rownum, 1);
17
18      }
19
20      public override ROResult2D Solve() {
21
22        for (int i = 0; i < p_numberOfControlVolumes; i++) {
23          for (int j = 0; j < p_numberOfControlVolumes; j++) {
24
25            double coef_w = Double.NaN;
26            double coef_e = Double.NaN;
27            double coef_n = Double.NaN;
```

```
28            double coef_s = Double.NaN;
29            double coef_p = 0.0;
30
31            if (i == 0) {
32              coef_p += 2 * p_deltay / p_deltax;
33              coef_w = 0.0;
34            } else {
35              coef_p += p_deltay / p_deltax;
36              coef_w = p_deltay / p_deltax;
37            }
38
39            if (i == p_numberOfControlVolumes - 1) {
40              coef_p += 2 * p_deltay / p_deltax;
41              coef_e = 0.0;
42            } else {
43              coef_p += p_deltay / p_deltax;
44              coef_e = p_deltay / p_deltax;
45            }
46
47            if (j == 0) {
48              coef_p += 2 * p_deltax / p_deltay;
49              coef_s = 0.0;
50            } else {
51              coef_p += p_deltax / p_deltay;
52              coef_s = p_deltax / p_deltay;
53            }
54
55            if (j == p_numberOfControlVolumes - 1) {
56              coef_p += 2 * p_deltax / p_deltay;
57              coef_n = 0.0;
58            } else {
59              coef_p += p_deltax / p_deltay;
60              coef_n = p_deltax / p_deltay;
61            }
62
63            m_u[index(i, j), index(i, j)] = coef_p;
64
65            if (i != 0) {
66              m_u[index(i, j), index(i - 1, j)] = -coef_w;
67            }
68            if (i != p_numberOfControlVolumes - 1) {
69              m_u[index(i, j), index(i + 1, j)] = -coef_e;
70            }
71            if (j != p_numberOfControlVolumes - 1) {
72              m_u[index(i, j), index(i, j + 1)] = -coef_n;
73            }
74            if (j != 0) {
```

```
75              m_u[index(i, j), index(i, j - 1)] = -coef_s;
76            }
77            m_b[index(i, j), 0] = f(posx(i), posy(j)) * p_deltax * p_deltay;
78
79          }
80        }
81        LUFactorization.Solve(m_u, m_b);
82        return new ROResult2D(m_b, p_numberOfControlVolumes);
83      }
84    }
85  }
```

リスト 21　ROResult2D クラス

```
1   using LatoolNet;
2
3   namespace NumericalSolution {
4     class ROResult2D {
5
6       private int m_rowLength;
7       private int m_colLength;
8       private Matrix m_mat = null;
9       private int m_numberOfControlVolumes;
10      private double[,] m_array = null;
11      private bool m_isMatrixType;
12
13      public ROResult2D(Matrix mat, int numberOfControlvolumes) {
14        m_rowLength = mat.RowNum;
15        m_colLength = mat.ColNum;
16        m_mat = mat;
17        m_numberOfControlVolumes = numberOfControlvolumes;
18        m_isMatrixType = true;
19      }
20
21      public ROResult2D(double[,] array) {
22        m_rowLength = array.GetLength(0);
23        m_colLength = array.GetLength(1);
24        m_array = array;
25        m_isMatrixType = false;
26      }
27
28      public double this[int i, int j] {
29        get {
30          if (m_isMatrixType) {
31            return m_mat[j * m_numberOfControlVolumes + i, 0];
32          } else {
```

```
33              return m_array[i, j];
34          }
35        }
36      }
37
38      public int RowLength {
39        get { return m_rowLength; }
40      }
41
42      public int ColLength {
43        get { return m_colLength; }
44      }
45    }
46  }
```

4.7 反復法による計算

式 (4.10) で表される連立 1 次方程式を，直接法ではなく，反復法により解くこともできます．領域は図 4.5 のようにコントロール・ボリュームによって分けられているとして，表記を簡単にするため，解くべき方程式は各項の係数 c を用いて次の形で表されているとします．

$$-c_E u_E - c_W u_W - c_N u_N - c_S u_S + c_P u_P = b \tag{4.11}$$

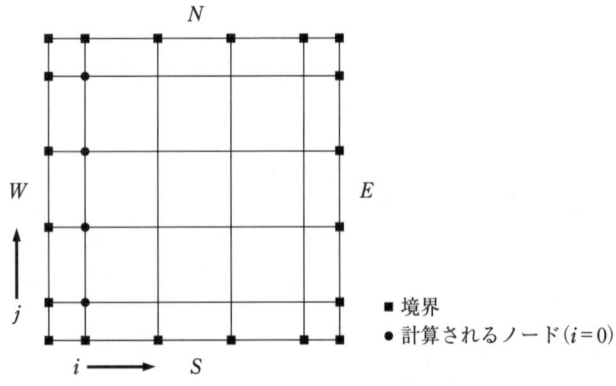

図 4.5 反復法の計算順序

式 (4.11) は，南北のラインに注目することで，次のように書き換えることができます。

$$-c_S u_S + c_P u_P - c_N u_N = c_E u_E + c_W u_W + b \tag{4.12}$$

そうすると，式 (4.12) は 3 重対角行列として計算できそうです。そこで，南北のラインを i が大きくなる方向に順番に計算すると，W 側の点については境界値，もしくは計算済みの値を使うことができますが，E 側の点については未知の値を使用して計算することになってしまいます。それでも最初の計算においては，未知の値に初期値を使うことですべての点の値を求めることができます。以降は，得られた結果を使って再度すべての点を計算する，ということを繰り返すと，次第に正しい解に近づいていきます。このように，計算を繰り返しながら正しい解に収束させる方法を反復法と呼びます。反復法においては計算の完了はないので，前回の結果と新しく得られた結果とを比較して差が十分小さくなったと判断されたときに計算を終了することになります。

このような反復法のうち，方程式が 3 重対角行列になる場合，TDMA(Tri-Diagonal Matrix Algorithm) がよく使われます。TDMA はトーマス法とも呼ばれ，直接法のアルゴリズムとしても利用されます。

いま，次のような方程式を考えます。

$$
\begin{aligned}
b_0 u_0 + c_0 u_1 &= d_0 \\
a_1 u_0 + b_1 u_1 + c_1 u_2 &= d_1 \\
a_2 u_1 + b_2 u_2 + c_2 u_3 &= d_2 \\
&\vdots \\
a_{n-2} u_{n-3} + b_{n-2} u_{n-2} + c_{n-2} u_{n-1} &= d_{n-2} \\
a_{n-1} u_{n-2} + b_{n-1} u_{n-1} &= d_{n-1}
\end{aligned}
$$

境界以外では，

$$a_i u_{i-1} + b_i u_i + c_i u_{i+1} = d_i$$

と表される方程式です。それぞれの方程式は次のように書き換えることができま

すので，

$$u_0 + \frac{c_0}{b_0} u_1 = \frac{d_0}{b_0}$$

$$u_1 + \frac{c_1}{b_1} u_2 = \frac{d_1}{b_1} - \frac{a_1}{b_1} u_0$$

$$u_2 + \frac{c_2}{b_2} u_3 = \frac{d_2}{b_2} - \frac{a_2}{b_2} u_1$$

$$\vdots$$

前進消去により，2行目は，

$$u_1 + \frac{c_1}{b_1} u_2 = \frac{d_1}{b_1} - \frac{a_1}{b_1} \left(-\frac{c_0}{b_0} u_1 + \frac{d_0}{b_0} \right)$$

を変形して，

$$u_1 + \frac{c_1}{b_1 - a_1 \frac{c_0}{b_0}} u_2 = \frac{d_1 - a_1 \frac{d_0}{b_0}}{b_1 - a_1 \frac{c_0}{b_0}}$$

となります。同様に3行目についても，

$$u_2 + \frac{c_2}{b_2} u_3 = \frac{d_2}{b_2} - \frac{a_2}{b_2} \left(-\frac{c_1}{b_1} u_2 + \frac{d_1}{b_1} - \frac{a_1}{b_1} u_0 \right)$$

を変形して，

$$u_2 + \frac{c_2}{b_2 - a_2 \frac{a_1}{b_1}} u_3 = \frac{d_2 - a_2 \left(\frac{d_1}{b_1} - \frac{a_1}{b_1} u_0 \right)}{b_2 - a_2 \frac{c_1}{b_1}}$$

が得られます。

このように得られた方程式を，再度

$$a'_i u_{i-1} + b'_i u_i + c'_i u_{i+1} = d'_i$$

と表すとすると，

$$a'_i = 0$$
$$b'_i = 1$$

$$c'_i = \begin{cases} \frac{c_0}{b_0} & : i = 0 \\ \frac{c_i}{b_i - a_i c'_{i-1}} & : i = 1, 2, \ldots, n-2 \end{cases}$$

$$d'_i = \begin{cases} \frac{d_0}{b_0} & : i = 0 \\ \frac{d_i - a_i d'_{i-1}}{b_i - a_i c'_{i-1}} & : i = 1, 2, \ldots, n-1 \end{cases}$$

となっていることがわかります。

これを u について解くには，後退代入により，

$$u_i = \begin{cases} d'_i & : i = n-1 \\ d'_i - c'_i u_{i+1} & : i = n-2, n-3, \ldots, 0 \end{cases}$$

とすることで求めることができます。

以下に掲載するプログラムでは，直接法と同様に，

$$\frac{\partial^2 u}{\partial x^2} + \frac{\partial^2 u}{\partial y^2} + f(x, y) = 0, \quad 0 < x < 1, \quad 0 < y < 1,$$

$$u(x, 0) = 0, \quad u(x, 1) = 0, \quad u(0, y) = 0, \quad u(1, y) = 0$$

$$f(x, y) = -2x(x-1) - 2y(y-1)$$

を計算します。本プログラムでは，直接法との比較が容易になると考え，解析解と比較したときの数値解に含まれる誤差の割合を収束条件にしています。

リスト 22　Main プログラム

```
1   using System;
2   using System.IO;
3
4   namespace NumericalSolution {
5     class Poisson2DFVIterativeMain {
6
7       static String outfile = "c:/nsworkspace/poisson2d_fv_iterative.txt";
8       static double convergenceCriterion = 1e-2;
9       static int numberOfControlVolumes = 20;
10
11      public static void Main() {
12
13        Poisson2DFVIterative sim = new Poisson2DFVIterative();
14        sim.NumberOfControlVolumes = numberOfControlVolumes;
15
```

```
16        sim.Prepare();
17        ROResult2D result = null;
18        bool isErrorOverCriterion = true;
19        double averageErrorRatio = 0.0;
20        int iterationCount = 0;
21
22        while (isErrorOverCriterion) {
23          double totalError = 0.0;
24          int count = 0;
25
26          result = sim.Solve();
27          for (int i = 0; i < numberOfControlVolumes; i++) {
28            for (int j = 0; j < numberOfControlVolumes; j++) {
29              double x = sim.posx(i);
30              double y = sim.posy(j);
31              double exact = u(x, y);
32              double numerical = result[i, j];
33              totalError += Math.Abs(exact - numerical) / exact;
34              count++;
35            }
36          }
37
38          averageErrorRatio = totalError / count;
39          if (averageErrorRatio < convergenceCriterion) {
40            isErrorOverCriterion = false;
41          }
42          iterationCount++;
43        }
44
45        StreamWriter writer = File.CreateText(outfile);
46        for (int i = 0; i < result.RowLength; i++) {
47          for (int j = 0; j < result.ColLength; j++) {
48            writer.Write(sim.posx(i) + " ");
49            writer.Write(sim.posx(j) + " ");
50            writer.WriteLine(result[i, j]);
51          }
52          writer.WriteLine();
53        }
54        writer.WriteLine("#AVERAGE ERROR RATIO: " + averageErrorRatio);
55        writer.WriteLine("#IETRATION: " + iterationCount);
56        writer.Close();
57      }
58
59      private static double u(double x, double y) {
60        return x * (x - 1) * y * (y - 1);
61      }
62    }
```

```
63    }
```

リスト 23　Poisson2DFVIterative クラス

```csharp
1   using System;
2   using LatoolNet;
3
4   namespace NumericalSolution {
5     class Poisson2DFVIterative : Poisson2DFV {
6
7       private double[,] m_u;
8
9       public override void Prepare() {
10        m_u = new double[p_numberOfControlVolumes,
11                         p_numberOfControlVolumes];
12        for (int i = 0; i < p_numberOfControlVolumes; i++) {
13          for (int j = 0; j < p_numberOfControlVolumes; j++) {
14            m_u[i, j] = 0.0;
15          }
16        }
17      }
18
19      public override ROResult2D Solve() {
20
21        for (int i = 0; i < p_numberOfControlVolumes; i++) {
22
23          double[] cprime = new double[p_numberOfControlVolumes];
24          double[] dprime = new double[p_numberOfControlVolumes];
25
26          for (int j = 0; j < p_numberOfControlVolumes; j++) {
27
28            double coef_w = Double.NaN;
29            double coef_e = Double.NaN;
30            double coef_n = Double.NaN;
31            double coef_s = Double.NaN;
32            double coef_p = 0.0;
33
34            if (i == 0) {
35              coef_p += 2 * p_deltay / p_deltax;
36              coef_w = 0.0;
37            } else {
38              coef_p += p_deltay / p_deltax;
39              coef_w = p_deltay / p_deltax * m_u[i - 1, j];
40            }
41
42            if (i == p_numberOfControlVolumes - 1) {
```

```
43              coef_p += 2 * p_deltay / p_deltax;
44              coef_e = 0.0;
45          } else {
46              coef_p += p_deltay / p_deltax;
47              coef_e = p_deltay / p_deltax * m_u[i + 1, j];
48          }
49
50          if (j == 0) {
51              coef_p += 2 * p_deltax / p_deltay;
52              coef_s = 0.0;
53          } else {
54              coef_p += p_deltax / p_deltay;
55              coef_s = p_deltax / p_deltay;
56          }
57
58          if (j == p_numberOfControlVolumes - 1) {
59              coef_p += 2 * p_deltax / p_deltay;
60              coef_n = 0.0;
61          } else {
62              coef_p += p_deltax / p_deltay;
63              coef_n = p_deltax / p_deltay;
64          }
65
66          double a = -coef_s;
67          double b = coef_p;
68          double c = -coef_n;
69          double d = coef_w +
70                     coef_e +
71                     f(posx(i), posy(j)) * p_deltax * p_deltay;
72
73          if (j == 0) {
74              cprime[j] = c / b;
75          } else {
76              cprime[j] = c / (b - a * cprime[j - 1]);
77          }
78
79          if (j == 0) {
80              dprime[j] = d / b;
81          } else {
82              dprime[j] = (d - a * dprime[j - 1]) / (b - a * cprime[j - 1]);
83          }
84      }
85
86      m_u[i, p_numberOfControlVolumes - 1]
87          = dprime[p_numberOfControlVolumes - 1];
88      for (int j = p_numberOfControlVolumes - 2; j >= 0; j--) {
89          m_u[i, j] = dprime[j] - cprime[j] * m_u[i, j + 1];
```

```
90              }
91          }
92          return new ROResult2D(m_u);
93      }
94  }
95 }
```

4.8　1次元定常移流拡散方程式

4.8.1　中心差分法

1次元定常移流拡散方程式,

$$\frac{\partial}{\partial x}(\rho u \phi) = \frac{\partial}{\partial x}\left(\Gamma \frac{\partial \phi}{\partial x}\right) \tag{4.13}$$

$$0 < x < L, \quad \phi(0) = \phi_A, \quad \phi(L) = \phi_B$$

を考えます。

式 (4.13) をコントロール・ボリュームで積分した式,

$$(\rho u A \phi)_e - (\rho u A \phi)_w = \left(\Gamma A \frac{\partial \phi}{\partial x}\right)_e - \left(\Gamma A \frac{\partial \phi}{\partial x}\right)_w \tag{4.14}$$

から始めます。ϕ_e, ϕ_w については,それぞれ隣接するコントロール・ボリュームの中心点との算術平均,

$$\phi_e = \frac{\phi_P + \phi_E}{2} \tag{4.15}$$

$$\phi_w = \frac{\phi_W + \phi_P}{2} \tag{4.16}$$

で近似して A を一定とすると,式 (4.14) は,

$$\frac{(\rho u)_e}{2}(\phi_P + \phi_E) - \frac{(\rho u)_w}{2}(\phi_W + \phi_P) = \frac{\Gamma_e}{\Delta x_{PE}}(\phi_E - \phi_P) - \frac{\Gamma_w}{\Delta x_{WP}}(\phi_P - \phi_W)$$

となりますので,ϕ で整理して得られる連立方程式,

$$\left(\frac{(\rho u)_e}{2} - \frac{(\rho u)_w}{2} + \frac{\Gamma_e}{\Delta x_{PE}} + \frac{\Gamma_w}{\Delta x_{WP}}\right)\phi_P$$

$$+\left(\frac{(\rho u)_e}{2}-\frac{\Gamma_e}{\Delta x_{PE}}\right)\phi_E-\left(\frac{(\rho u)_w}{2}+\frac{\Gamma_w}{\Delta x_{WP}}\right)\phi_W=0$$

を解けばよいことになります．

境界については，方程式の拡散項と移流項のそれぞれに境界値を代入して，

$$\frac{(\rho u)_e}{2}(\phi_P+\phi_E)-(\rho u)_w\phi_A=\frac{\Gamma_e}{\Delta x_{PE}}(\phi_E-\phi_P)-\frac{\Gamma_w}{\frac{1}{2}\Delta x_{WP}}(\phi_P-\phi_A) \quad \text{(左端)}$$

$$(\rho u)_e\phi_B-\frac{(\rho u)_w}{2}(\phi_W+\phi_P)=\frac{\Gamma_e}{\frac{1}{2}\Delta x_{PE}}(\phi_B-\phi_P)-\frac{\Gamma_w}{\Delta x_{WP}}(\phi_P-\phi_W) \quad \text{(右端)}$$

ϕ で整理して，左端として，

$$\left(\frac{(\rho u)_e}{2}+\frac{\Gamma_e}{\Delta x_{PE}}+\frac{2\Gamma_w}{\Delta x_{WP}}\right)\phi_P+\left(\frac{(\rho u)_e}{2}-\frac{\Gamma_e}{\Delta x_{PE}}\right)\phi_E=(\rho u)_w\phi_A+\frac{2\Gamma_w}{\Delta x_{WP}}\phi_A$$

右端として，

$$\left(-\frac{(\rho u)_w}{2}+\frac{2\Gamma_e}{\Delta x_{PE}}+\frac{\Gamma_w}{\Delta x_{WP}}\right)\phi_P+\left(-\frac{(\rho u)_w}{2}-\frac{\Gamma_w}{\Delta x_{WP}}\right)\phi_W$$
$$=-(\rho u)_e\phi_B+\frac{2\Gamma_e}{\Delta x_{PE}}\phi_B$$

が得られます．

式 (4.13) の解析解は，

$$\frac{\phi-\phi_A}{\phi_B-\phi_A}=\frac{\exp\left(\frac{\rho u x}{\Gamma}\right)-1}{\exp\left(\frac{\rho u L}{\Gamma}\right)-1}$$

と表されますので，以下のプログラムで解析解と数値解を比較することができます．

リスト 24 Main プログラム

```
1    using System;
2    using System.IO;
3    using LatoolNet;
4    namespace NumericalSolution {
5
6      class ConvectionDiffusion1DMain {
7
8        static String outfile = "c:/nsworkspace/cd1d.csv";
9        static double rho = 1.0;
```

```csharp
10      static double gamma = 0.1;
11      static double u = 0.1;
12      static int numberOfControlColumes = 10;
13
14      public static void Main() {
15
16        ConvectionDiffusion1D sim = new ConvectionDiffusion1DCentral();
17
18        sim.NumberOfControlVolumes = numberOfControlColumes;
19        sim.Rho = rho;
20        sim.Gamma = gamma;
21        sim.U = u;
22
23        Matrix result = sim.Solve();
24
25        StreamWriter writer = File.CreateText(outfile);
26        writer.WriteLine("x, exact, numerical");
27        for (int i = 0; i < numberOfControlColumes; i++) {
28          double x = sim.posx(i);
29          double exact = phi(x);
30          double numerical = result[i, 0];
31
32          writer.Write(x + ", ");
33          writer.Write(exact + ", ");
34          writer.WriteLine(numerical);
35        }
36        writer.Close();
37      }
38
39      static double phi(double x) {
40        double phi_0 = 1.0;
41        double phi_L = 0.0;
42        double L = 1.0;
43
44        double ret = (Math.Exp(rho * u * x / gamma) - 1)
45                   / (Math.Exp(rho * u * L / gamma) - 1)
46                   * (phi_L - phi_0) + phi_0;
47        return ret;
48
49      }
50    }
51  }
```

リスト 25 ConvectionDiffusion1D 抽象クラス

```csharp
1  using LatoolNet;
```

```csharp
namespace NumericalSolution {
  abstract class ConvectionDiffusion1D {
    protected int p_numberOfControlVolumes;
    protected double p_deltax;
    protected double p_rho;
    protected double p_u;
    protected double p_gamma;

    public int NumberOfControlVolumes {
      get { return p_numberOfControlVolumes; }
      set {
        p_numberOfControlVolumes = value;
        p_deltax = 1.0 / p_numberOfControlVolumes;
      }
    }

    public double Rho {
      get { return p_rho; }
      set { p_rho = value; }
    }

    public double Gamma {
      get { return p_gamma; }
      set { p_gamma = value; }
    }

    public double U {
      get { return p_u; }
      set { p_u = value; }
    }

    public double DeltaX {
      get { return p_deltax; }
    }

    public double posx(int i) {
      return p_deltax / 2.0 + i * p_deltax;
    }

    public abstract Matrix Solve();

  }
}
```

リスト 26　ConvectionDiffusion1DCentral クラス

```
1   using LatoolNet;
2
3   namespace NumericalSolution {
4     class ConvectionDiffusion1DCentral : ConvectionDiffusion1D {
5       public override Matrix Solve() {
6
7         int bandWidth = 3;
8         Matrix mat = new Matrix(p_numberOfControlVolumes,
9                                 p_numberOfControlVolumes, bandWidth);
10        Matrix vec = new Matrix(p_numberOfControlVolumes, 1);
11
12        double phi_0 = 1.0;
13        double phi_L = 0.0;
14
15        mat[0, 0] = (p_rho * p_u) / 2.0 + 3.0 * p_gamma / p_deltax;
16        mat[0, 1] = (p_rho * p_u) / 2.0 - p_gamma / p_deltax;
17        vec[0, 0] = (p_rho * p_u) * phi_0 + 2.0 *
18                    p_gamma * phi_0 / p_deltax;
19
20        for (int i = 1; i < p_numberOfControlVolumes - 1; i++) {
21          mat[i, i - 1] = - (p_rho * p_u) / 2.0 - p_gamma/ p_deltax;
22          mat[i, i] = 2.0 * p_gamma / p_deltax;
23          mat[i, i + 1] = (p_rho * p_u) / 2.0 - p_gamma / p_deltax;
24          vec[i, 0] = 0;
25        }
26
27        mat[p_numberOfControlVolumes - 1, p_numberOfControlVolumes - 1]
28          = - (p_rho * p_u) / 2.0 + 3.0 * p_gamma / p_deltax;
29        mat[p_numberOfControlVolumes - 1, p_numberOfControlVolumes - 2]
30          = - (p_rho * p_u) / 2.0 - p_gamma / p_deltax;
31        vec[p_numberOfControlVolumes - 1, 0]
32          = - (p_rho * p_u) * phi_L + 2.0 * p_gamma * phi_L / p_deltax;
33
34        LUFactorization.Solve(mat, vec);
35        return vec;
36      }
37    }
38  }
```

4.8.2　QUICK 法

　中心差分法の難点は，移流項の係数が大きくなると誤差が大きくなりやすいことです．これを避けるため，移流拡散方程式に上流法を適用することもできますが，

打ち切り誤差が1次のオーダになってしまいます。上流法のアイデアを踏襲しつつ，テイラー展開を利用して打ち切り誤差を小さくする方法にQUICK(Quadratic Upstream Interpolation for Convective Kinetics)法があります。

QUICK法では図4.6のようなコントロール・ボリュームを考えます。

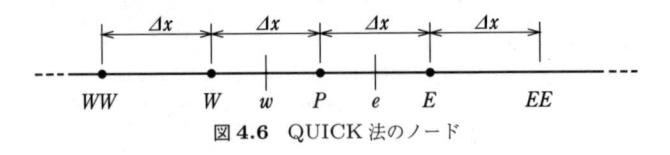

図 4.6 QUICK法のノード

そうすると，テイラー展開により，ϕ_E, ϕ_P, ϕ_W はそれぞれ次のように表現できることがわかります。

$$\phi_E = \phi_e + \frac{1}{2}\Delta x \left(\frac{\partial \phi}{\partial x}\right)_e + \frac{1}{4}(\Delta x)^2 \left(\frac{\partial^2 \phi}{\partial x^2}\right)_e + O(\Delta x)^3$$

$$\phi_P = \phi_e - \frac{1}{2}\Delta x \left(\frac{\partial \phi}{\partial x}\right)_e - \frac{1}{4}(\Delta x)^2 \left(\frac{\partial^2 \phi}{\partial x^2}\right)_e + O(\Delta x)^3$$

$$\phi_W = \phi_e - \frac{3}{2}\Delta x \left(\frac{\partial \phi}{\partial x}\right)_e - \frac{3}{4}(\Delta x)^2 \left(\frac{\partial^2 \phi}{\partial x^2}\right)_e + O(\Delta x)^3$$

得られた式を基に，ϕ_e は，

$$\frac{3}{8}\phi_E + \frac{6}{8}\phi_P - \frac{1}{8}\phi_W = \phi_e + O(\Delta x)^3 \tag{4.17}$$

と近似できることがわかります。同様に ϕ_w については，

$$\frac{3}{8}\phi_P + \frac{6}{8}\phi_W - \frac{1}{8}\phi_{WW} = \phi_w + O(\Delta x)^3$$

と近似できます。ただし，$u>0$ の場合です。

$u<0$ の場合については，

$$\phi_w = \frac{3}{8}\phi_W + \frac{6}{8}\phi_P - \frac{1}{8}\phi_E \tag{4.18}$$

$$\phi_e = \frac{3}{8}\phi_P + \frac{6}{8}\phi_E - \frac{1}{8}\phi_{EE}$$

とします。そうすると，風上法と同様に，進行方向に対して逆側のノードの影響を強めることができるので，移流項の係数が大きい場合にも安定になります。

得られた ϕ_e, ϕ_w を式 (4.14) に適用するには，式 (4.15)，式 (4.16) を置き換えればよいので，$u>0$ の場合，

$$(\rho u)_e \left(\frac{6}{8}\phi_P + \frac{3}{8}\phi_E - \frac{1}{8}\phi_W\right) - (\rho u)_w \left(\frac{6}{8}\phi_W + \frac{3}{8}\phi_P - \frac{1}{8}\phi_{WW}\right)$$
$$= \frac{\Gamma_e}{\Delta x}(\phi_E - \phi_P) - \frac{\Gamma_w}{\Delta x}(\phi_P - \phi_W) \quad (4.19)$$

となり，ϕ で整理して得られる次式が解くべき方程式となります．

$$\frac{1}{8}(\rho u)_w \phi_{WW} - \left\{\frac{1}{8}(\rho u)_e + \frac{6}{8}(\rho u)_w + \frac{\Gamma_w}{\Delta x}\right\}\phi_W$$
$$+ \left\{\frac{6}{8}(\rho u)_e - \frac{3}{8}(\rho u)_w + \frac{\Gamma_e}{\Delta x} + \frac{\Gamma_w}{\Delta x}\right\}\phi_P + \left\{\frac{3}{8}(\rho u)_e - \frac{\Gamma_e}{\Delta x}\right\}\phi_E = 0$$

境界の扱いについてこれまでと違うのは，左端の境界値が，ϕ_{WW} と ϕ_W の 2 つのコントロール・ボリュームで考慮される必要があるということです．

まず最左端のコントロール・ボリューム（ノード 0）について考えます．境界の外に $x=-\frac{1}{2}\Delta x$ となる架空のコントロール・ボリューム（ノード -1）を仮定して，その値を ϕ_{-1} と表すことにします (図 4.7)．ノード 0 の値を ϕ_0，境界の値は ϕ_A とします．

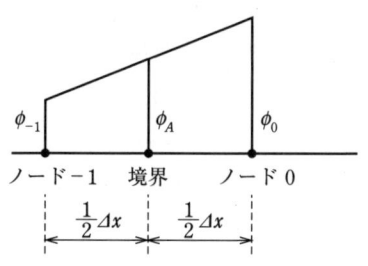

図 4.7 QUICK 法における境界値の扱い

架空のノード -1 の値については，

$$\frac{\phi_0 - \phi_A}{\frac{1}{2}\Delta x} = \frac{\phi_0 - \phi_{-1}}{\Delta x}$$

すなわち，

$$\phi_{-1} = 2\phi_A - \phi_0$$

と近似することにします．すると，式 (4.17) は左端の境界において，

$$\phi_e = \frac{3}{8}\phi_1 + \frac{6}{8}\phi_0 - \frac{1}{8}(2\phi_A - \phi_0) = \frac{3}{8}\phi_1 + \frac{7}{8}\phi_0 - \frac{2}{8}\phi_A$$

とすればよいことになります．また，微分項の左端の境界値については式 (4.18) を利用して，

$$\Gamma \left.\frac{\partial \phi}{\partial x}\right|_{x=0} = \Gamma_A \frac{\phi_P - \phi_W}{\Delta x} = \frac{\Gamma_A}{\Delta x}\left\{\phi_P - \left(\frac{8}{3}\phi_A - \frac{6}{3}\phi_P + \frac{1}{3}\phi_E\right)\right\}$$
$$= \frac{\Gamma_A}{\Delta x}\left(\frac{9}{3}\phi_P - \frac{8}{3}\phi_A - \frac{1}{3}\phi_E\right)$$

とすれば，式 (4.19) は，

$$(\rho u)_e \left(\frac{7}{8}\phi_P + \frac{3}{8}\phi_E - \frac{2}{8}\phi_A\right) - (\rho u)_A \phi_A$$
$$= \frac{\Gamma_e}{\Delta x}(\phi_E - \phi_P) - \frac{\Gamma_A}{3\Delta x}(9\phi_P - 8\phi_A - \phi_E)$$

となり，境界条件を組み込むことができます．

次に，ノード 0 の右隣のノード 1 は，式 (4.19) を，

$$(\rho u)_e \left(\frac{6}{8}\phi_P + \frac{3}{8}\phi_E - \frac{1}{8}\phi_W\right) - (\rho u)_w \left(\frac{7}{8}\phi_W + \frac{3}{8}\phi_P - \frac{2}{8}\phi_A\right)$$
$$= \frac{\Gamma_e}{\Delta x}(\phi_E - \phi_P) - \frac{\Gamma_w}{\Delta x}(\phi_P - \phi_W)$$

とすることで，方程式に境界条件を組み込むことができます．

右端については，

$$\Gamma \left.\frac{\partial \phi}{\partial x}\right|_{x=L} = \Gamma_B \frac{\phi_E - \phi_P}{\Delta x} = \frac{\Gamma_B}{\Delta x}\left\{\left(\frac{8}{3}\phi_B - \frac{6}{3}\phi_P + \frac{1}{3}\phi_W\right) - \frac{3}{3}\phi_P\right\}$$
$$= \frac{\Gamma_B}{\Delta x}\left(\frac{8}{3}\phi_B - \frac{9}{3}\phi_P + \frac{1}{3}\phi_W\right)$$

と境界値を式 (4.19) に代入し，

$$(\rho u)_B \phi_B - (\rho u)_w \left(\frac{6}{8}\phi_W + \frac{3}{8}\phi_P - \frac{1}{8}\phi_{WW}\right)$$

$$= \frac{\Gamma_B}{\Delta x}\left(\frac{8}{3}\phi_B - \frac{9}{3}\phi_P + \frac{1}{3}\phi_W\right) - \frac{\Gamma_w}{\Delta x}(\phi_P - \phi_W)$$

を得ることができます。

リスト 27 に QUICK 法のプログラムを掲載します。プログラム中では，ρ，u，Γ が一定であるとして，式は以下のように変形されています。

〈ノード 0〉

$$\left(\frac{3}{8}\rho u - \frac{4}{3}\frac{\Gamma}{\Delta x}\right)\phi_E + \left(\frac{7}{8}\rho u + 4\frac{\Gamma}{\Delta x}\right)\phi_P = \frac{10}{8}\rho u\phi_A + \frac{8}{3}\frac{\Gamma}{\Delta x}\phi_A$$

〈ノード 1〉

$$\left(-\rho u - \frac{\Gamma}{\Delta x}\right)\phi_W + \left(\frac{3}{8}\rho u + 2\frac{\Gamma}{\Delta x}\right)\phi_P + \left(\frac{3}{8}\rho u - \frac{\Gamma}{\Delta x}\right)\phi_P = -\frac{2}{8}\rho u\phi_A$$

〈ノード $n-1$〉

$$\frac{1}{8}\rho u\phi_{WW} + \left(-\frac{6}{8}\rho u - \frac{4}{3}\frac{\Gamma}{\Delta x}\right)\phi_W + \left(-\frac{3}{8}\rho u + 4\frac{\Gamma}{\Delta x}\right)\phi_P = -\rho u\phi_B + \frac{8}{3}\frac{\Gamma}{\Delta x}\phi_B$$

〈上記以外〉

$$\frac{1}{8}\rho u\phi_{WW} + \left(-\frac{7}{8}\rho u - \frac{\Gamma}{\Delta x}\right)\phi_W + \left(\frac{3}{8}\rho u + 2\frac{\Gamma}{\Delta x}\right)\phi_P + \left(\frac{3}{8}\rho u - \frac{\Gamma}{\Delta x}\right)\phi_E = 0$$

方程式の計算には，行列が 4 重対角行列であることを利用すると効率が良くなります。LatoolNet では，Matrix オブジェクト生成の際に下対角数と上対角数が指定されると，行列計算に LAPACK のバンド行列用の関数を使用します。

リスト 27　ConvectionDiffusion1DQuick クラス

```
 1  using LatoolNet;
 2
 3  namespace NumericalSolution {
 4    class ConvectionDiffusion1DQuick : ConvectionDiffusion1D {
 5      public override Matrix Solve() {
 6
 7        int subDiagonal = 2;
 8        int superDiagonal = 1;
 9        Matrix mat = new Matrix(p_numberOfControlVolumes,
10                                p_numberOfControlVolumes,
11                                subDiagonal,
12                                superDiagonal);
```

```
13          Matrix vec = new Matrix(p_numberOfControlVolumes, 1);
14
15          double phi_A = 1.0;
16          double phi_B = 0.0;
17
18          double phi_WW;
19          double phi_W;
20          double phi_P;
21          double phi_E;
22          double c;
23
24          phi_P = (7.0 / 8.0) * p_rho * p_u + 4.0 * p_gamma / p_deltax;
25          phi_E = (3.0 / 8.0) * p_rho * p_u - (4.0 / 3.0)
26                  * p_gamma / p_deltax;
27          c = (10.0 / 8.0) * p_rho * p_u * phi_A
28            + (8.0 / 3.0) * p_gamma * phi_A / p_deltax;
29
30          mat[0, 0] = phi_P;
31          mat[0, 1] = phi_E;
32          vec[0, 0] = c;
33
34          phi_W = -p_rho * p_u - p_gamma / p_deltax;
35          phi_P = (3.0 / 8.0) * p_rho * p_u + 2.0 * p_gamma / p_deltax;
36          phi_E = (3.0 / 8.0) * p_rho * p_u - p_gamma / p_deltax;
37          c = -(2.0 / 8.0) * p_rho * p_u * phi_A;
38
39          mat[1, 0] = phi_W;
40          mat[1, 1] = phi_P;
41          mat[1, 2] = phi_E;
42          vec[1, 0] = c;
43
44          for (int i = 2; i < p_numberOfControlVolumes - 1; i++) {
45
46            phi_WW = (1.0 / 8.0) * p_rho * p_u;
47            phi_W = -(7.0 / 8.0) * p_rho * p_u - p_gamma / p_deltax;
48            phi_P = (3.0 / 8.0) * p_rho * p_u + 2.0 * p_gamma / p_deltax;
49            phi_E = (3.0 / 8.0) * p_rho * p_u - p_gamma / p_deltax;
50            c = 0.0;
51
52            mat[i, i - 2] = phi_WW;
53            mat[i, i - 1] = phi_W;
54            mat[i, i] = phi_P;
55            mat[i, i + 1] = phi_E;
56            vec[i, 0] = 0;
57          }
58
59          phi_WW = (1.0 / 8.0) * p_rho * p_u;
```

```
60          phi_W = -(6.0 / 8.0) * p_rho * p_u
61                  - (4.0 / 3.0) * p_gamma / p_deltax;
62          phi_P = -(3.0 / 8.0) * p_rho * p_u + 4.0 * p_gamma / p_deltax;
63          c = (8.0 / 3.0) * p_gamma * phi_B / p_deltax - p_rho * p_u * phi_B;
64
65          mat[p_numberOfControlVolumes - 1, p_numberOfControlVolumes - 3]
66            = phi_WW;
67          mat[p_numberOfControlVolumes - 1, p_numberOfControlVolumes - 2]
68            = phi_W;
69          mat[p_numberOfControlVolumes - 1, p_numberOfControlVolumes - 1]
70            = phi_P;
71          vec[p_numberOfControlVolumes - 1, 0] = c;
72
73          LUFactorization.Solve(mat, vec);
74          return vec;
75        }
76      }
77    }
```

第5章

有限要素法

「有限要素法は個々の数学的な操作が他の解法に比べて難しい」と感じる方が多いのではないかと思います。ときには，読み進んでいる途中で溺れてしまうこともあるかもしれません。そのようなときは，ぜひプログラムを見てください。どこを目指して泳いでいるのかを知ることができれば，個々の数学的な操作の意味もよりはっきりしてくると思います。

5.1 重み付き残差法

有限要素法の考え方は，偏微分方程式で表現されるような領域全体では複雑な関数であっても，解くべき領域を複数の小さな領域に分割すれば，その小さな領域においては比較的簡単な関数で近似しても，重ね合わせれば全体としては複雑な関数が近似できるというものです。連続な関数 u を既知の関数 ϕ_j と未知の係数 ν_j の線形結合で近似する方法ともいえます。

$$u \simeq \hat{u} = \sum_{j=0}^{m-1} \nu_j \phi_j(x) \tag{5.1}$$

ここで $\hat{u}$ は，偏微分方程式の真の解 u の近似を表すとします。ϕ_j は基底関数と呼ばれます。$\hat{u}$ が u となるべく等しくなるように基底関数の係数の集合 ν を求めることができれば，偏微分方程式の近似解が得られるわけです。

1次元のポアソン方程式を例に取ります.

$$\frac{\partial^2 u}{\partial x^2} + f(x) = 0, \quad 0 < x < L, \quad u(0) = u_0, \quad u(L) = u_L$$

もし, $\hat{u}$ が u と等しいならば,

$$\frac{\partial^2 \hat{u}}{\partial x^2} + f(x) = R$$

としたとき, 問題から明らかなように R は 0 になるはずです. ところが, $\hat{u}$ はあくまで近似ですから, R は 0 とはなりません. この R を残差と呼びます. 残差を小さくするための方法のうち, 残差の二乗の和を最小にする最小二乗法が比較的わかりやすいと思われます. 領域における残差の二乗の和を S とすると, S は,

$$S = \int_0^L R^2 dx \tag{5.2}$$

と表されるわけですが, この S が最小とは, すなわち S を微分したときに 0 であることを意味しますので (図 5.1), 式 (5.2) の微分により,

$$\frac{\partial S}{\partial \nu_i} = \frac{\partial}{\partial \nu_i} \int_0^L R^2 dx = \int_0^L \frac{\partial R^2}{\partial R} \frac{\partial R}{\partial \nu_i} dx = \int_0^L 2R \frac{\partial R}{\partial \nu_i} dx = 0,$$
$$i = 0, \ldots, m-1 \tag{5.3}$$

という関係式が得られます.

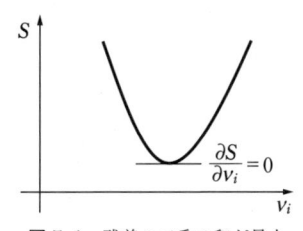

図 5.1 残差の二乗の和が最小

一方, 残差の定義から,

$$R = \frac{\partial^2 \hat{u}}{\partial x^2} + f(x) = \frac{\partial^2}{\partial x^2} \sum_{j=0}^{m-1} \nu_j \phi_j(x) + f(x) = \sum_{j=0}^{m-1} \nu_j \frac{\partial^2 \phi_j}{\partial x^2} + f(x)$$

と変形できるので, R の微分は,

$$\frac{\partial R}{\partial \nu_i} = \sum_{j=0}^{m-1} \frac{\partial}{\partial \nu_i} \nu_j \frac{\partial^2 \phi_j}{\partial x^2} = \frac{\partial^2 \phi_i}{\partial x^2}$$

となることがわかります。これを式 (5.3) に代入すると，

$$\frac{\partial S}{\partial \nu_i} = \int_0^L 2\frac{\partial^2 \phi_i}{\partial x^2} R dx = 0 \tag{5.4}$$

となります。

式 (5.4) は，重み関数 W_i を導入すると，

$$\int_0^L W_i R dx = 0 \tag{5.5}$$

と表すことができるので，より一般的に，重み関数と残差の内積を 0 にする問題と解釈できます。最小二乗法においては，この重み関数が $W_i = 2\frac{\partial^2 \phi_i}{\partial x^2}$ であったわけですが，その他にも重み関数の違いにより，選点法，サブドメイン法，ガラーキン法などがあります。なかでも重み関数を $W_i = \phi_i$ とするガラーキン法は，重み関数が微分を含んでいないので計算しやすく，比較的精度が高いことが知られているため，有限要素法では多用されています。

式 (5.5) にガラーキン法を適用して，ν_j で整理すると，

$$-\sum_{j=0}^{m-1} \left(\int_0^L \phi_i(x) \frac{\partial^2 \phi_j}{\partial x^2} dx \right) \nu_j = \int_0^L f(x) \phi_i(x) dx$$

となります。さらに，左辺を部分積分すると，

$$\sum_{j=0}^{m-1} \left(\int_0^L \frac{\partial \phi_i}{\partial x} \frac{\partial \phi_j}{\partial x} dx \right) \nu_j - \left[\phi_i(x) \frac{\partial \phi_j \nu_j}{\partial x} \right]_0^L = \int_0^L f(x) \phi_i(x) dx \tag{5.6}$$

が得られます。左辺第 2 項は境界に相当するので，扱い方については境界条件の節で説明しますが，基底関数に $\phi_i(0) = \phi_i(L) = 0$ となる関数を用意すれば，

$$\sum_{j=0}^{m-1} \left(\int_0^L \frac{\partial \phi_i}{\partial x} \frac{\partial \phi_j}{\partial x} dx \right) \nu_j = \int_0^L f(x) \phi_i(x) dx, \quad i = 0, \ldots, m-1$$

となることがわかります。これは，連立 1 次方程式 $A\nu = b$ の形であることがわかるので，行列計算により ν_j を求めることができます。行列 A, b の各要素は次の

ようになります.

$$A_{i,j} = \int_0^L \frac{\partial \phi_i}{\partial x}\frac{\partial \phi_j}{\partial x}dx, \quad b_i = \int_0^L f(x)\phi_i(x)dx$$

5.2 基底関数

基底関数は既知と述べたように，問題を解く側で自由に用意してよい関数です．しかし，大きな領域を近似するには複雑な関数が必要になってしまうことが予想されます．そこで解析領域をそれぞれが重ならない小領域に分割して，その小領域の中においては比較的簡単な関数で近似することにします．この小領域は要素，各要素の境界はノードと呼ばれます (図 5.2)．

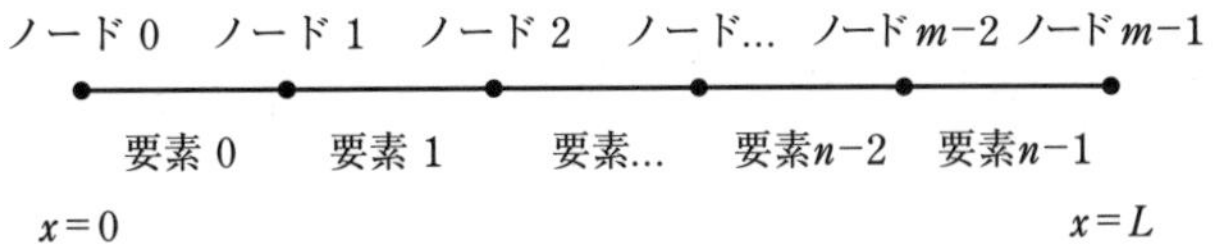

ノード 0　ノード 1　ノード 2　ノード...　ノード m-2　ノード m-1

要素 0　要素 1　要素...　要素 n-2　要素 n-1

x = 0　　　　　　　　　　　　　　　　　x = L

図 5.2 要素とノード

各ノード $i = 0, \ldots, m-1$ における値を $x^{[i]}$ と表すとします．基底関数 ϕ_i は，それぞれの要素において連続である必要があり，なるべく簡単な多項式であることが望まれます．そのような基底関数のうち，$\phi_i(x^{[j]})$ が $i = j$ のとき 1，$i \neq j$ のとき 0 となる関数がよく使われます．この性質はクロネッカーのデルタと呼ばれ，δ_{ij} と表記されます．そうすると，$\hat{u}$ は，

$$\hat{u}(x^{[i]}) = \sum_j \nu_j \phi_j(x^{[i]}) = \sum_j \nu_j \delta_{ij} = \nu_i$$

となり，ν_i はすなわち，$\hat{u}$ の i 番目のノードの値そのものと解釈することができ便利です．このときの基底関数のイメージは図 5.3 のようなものです．

解析領域を要素に分割すると，解くべき行列 A, b はそれぞれ次のように表すことができます．

図5.3 基底関数

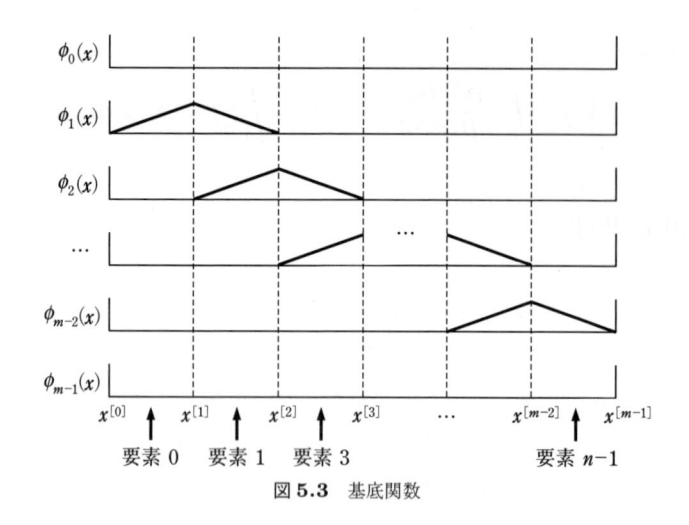

$$A_{ij} = \int_0^L \frac{\partial \phi_i}{\partial x} \frac{\partial \phi_j}{\partial x} dx = \sum_{e=0}^{n-1} A_{i,j}^{(e)}, \quad A_{i,j}^{(e)} = \int_{\Omega_e} \frac{\partial \phi_i}{\partial x} \frac{\partial \phi_j}{\partial x} dx$$

$$b_i = \int_0^L f(x)\phi_i dx = \sum_{e=0}^{n-1} b_i^{(e)}, \quad b_i^{(e)} = \int_{\Omega_e} f(x)\phi_i dx$$

e は要素の番号を，Ω_e はそれぞれの要素の積分領域を表します．

5.3　局所座標系

　要素の積分にあたり，各要素のノードの座標を使って直接計算しても構わないのですが，大きさが不規則な要素である場合には積分の扱いが厄介です．局所座標系を使うと，特に2次元や3次元の問題では，形が不揃いな要素でも積分の扱いが容易になり，計算量の少ない数値積分を採用したときにも誤差が小さくてすむという利点があります．

　局所座標系を使って，各要素の積分領域 $\Omega_e = [x^{[e]}, x^{[e+1]}]$ を，新しい座標系 $\xi \in [-1, 1]$ にマッピングします．$x^{[e]}$ に局所的なノード番号 0，$x^{[e+1]}$ に局所的なノード番号 1 を付与するとします．また，局所的なノード番号とグローバルなノード番号を表5.1のように関連づけます．すなわち，i, e, r の関係は次の式で

表 5.1　局所的なノード番号とグローバルなノード番号の対応

要素番号 (e)	グローバルなノード番号 (i)	局所的なノード番号 (r)
0	0	0
0	1	1
1	1	0
1	2	1
2	2	0
2	3	1
⋮	⋮	⋮
$n-1$	$m-2$	0
$n-1$	$m-1$	1

表されます。

$$i = q(e,r) = e + r, \quad r = 0, 1$$

新しい座標系 $\xi \in [-1, 1]$ における積分は，ヤコビ行列 $J = \frac{\partial x}{\partial \xi}$ を使って次のように表されます。

$$\frac{\partial \phi_i}{\partial x} = \frac{\partial \tilde{\phi}_r}{\partial \xi} \frac{\partial \xi}{\partial x} = J^{-1} \frac{\partial \tilde{\phi}_r}{\partial \xi}$$

$$\int_{x^{[e]}}^{x^{[e+1]}} \frac{\partial \phi_i}{\partial x} \frac{\partial \phi_j}{\partial x} dx = \int_{-1}^{1} J^{-1} \frac{\partial \tilde{\phi}_r}{\partial \xi} J^{-1} \frac{\partial \tilde{\phi}_s}{\partial \xi} |J| d\xi, \quad i = q(e,r), \quad j = q(e,s)$$

基底関数の性質より，要素 e の領域 $\Omega_e = [x^{[e]}, x^{[e+1]}]$ においては基底関数 $\phi_e(x)$ および，$\phi_{e+1}(x)$ のみを考慮すればよく，また基底関数は 1 次の関数で $\tilde{\phi}_0(-1) = \tilde{\phi}_1(1) = 1$，$\tilde{\phi}_0(1) = \tilde{\phi}_1(-1) = 0$ となるはずなので，基底関数の座標変換後の関数は，

$$\tilde{\phi}_0(\xi) = \frac{1}{2}(1-\xi), \quad \tilde{\phi}_1(\xi) = \frac{1}{2}(1+\xi)$$

となることがわかります (図 5.4)。また，微分についてはそれぞれ，

$$\frac{\partial \tilde{\phi}_0}{\partial \xi} = -\frac{1}{2}, \quad \frac{\partial \tilde{\phi}_1}{\partial \xi} = \frac{1}{2}$$

を得ます。

局所座標と全体座標を結びつける関係式は，一般的に，関数 $\hat{\phi}_r$ と要素内のノー

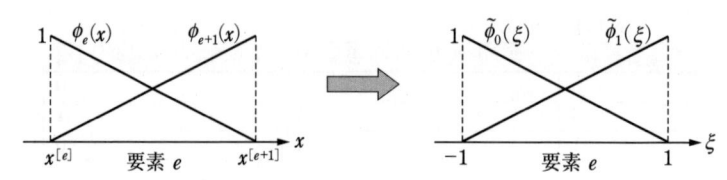

図 5.4 座標変換のイメージ

ド数 n_e を用いて次のように表されますが,

$$x^{(e)}(\xi) = \sum_{r=0}^{n_e-1} \hat{\phi}_r(\xi) x^{[q(e,r)]}$$

$\hat{\phi}_r$ に $\tilde{\phi}_r$ を採用した要素はアイソパラメトリック要素と呼ばれ,有限要素法で多用されています。いま,要素内のノード数は 2 なので,x は ξ の関数として,

$$x^{(e)}(\xi) = \frac{1}{2}(1-\xi)x^{[e]} + \frac{1}{2}(1+\xi)x^{[e+1]} = \frac{1}{2}(x^{[e]} + x^{[e+1]}) + \xi\frac{1}{2}(x^{[e+1]} - x^{[e]})$$

と表すことができます。したがって,ヤコビ行列 J は,

$$J = \frac{\partial x}{\partial \xi} = \frac{\partial x^{[e]}(\xi)}{\partial \xi} = \frac{(x^{[e+1]} - x^{[e]})}{2}$$

となります。

以上により,$A_{i,j}^{(e)}$ は局所的な 2×2 の行列 $\tilde{A}_{r,s}^{(e)}(r,s=0,1)$ へ,$b_i^{(e)}$ は 2×1 の行列 $\tilde{b}_r^{(e)}$ へと変換することができます。表記を簡単にするため,要素の幅を h で一定とすれば $J = \frac{h}{2}$ となり,$\tilde{A}_{r,s}^{(e)}$ の行列は次のようになります。

$$\begin{aligned}\tilde{A}_{r,s}^{(e)} &= \begin{pmatrix} \int_{-1}^{1} \frac{2}{h} \cdot -\frac{1}{2} \cdot \frac{2}{h} \cdot -\frac{1}{2} \cdot \frac{h}{2} d\xi & \int_{-1}^{1} \frac{2}{h} \cdot -\frac{1}{2} \cdot \frac{2}{h} \cdot \frac{1}{2} \cdot \frac{h}{2} d\xi \\ \int_{-1}^{1} \frac{2}{h} \cdot \frac{1}{2} \cdot \frac{2}{h} \cdot -\frac{1}{2} \cdot \frac{h}{2} d\xi & \int_{-1}^{1} \frac{2}{h} \cdot \frac{1}{2} \cdot \frac{2}{h} \cdot \frac{1}{2} \cdot \frac{h}{2} d\xi \end{pmatrix} \\ &= \begin{pmatrix} \int_{-1}^{1} \frac{1}{2h} d\xi & \int_{-1}^{1} -\frac{1}{2h} d\xi \\ \int_{-1}^{1} -\frac{1}{2h} d\xi & \int_{-1}^{1} \frac{1}{2h} d\xi \end{pmatrix}\end{aligned} \tag{5.7}$$

同様に,$\tilde{b}_r^{(e)}$ においても,

$$\tilde{b}_r^{(e)} = \int_{-1}^{1} f(x^{(e)}(\xi)) \tilde{\phi}_r(\xi) |J| d\xi$$

が得られるので,

$$\tilde{b}_r^{(e)} = \begin{pmatrix} \int_{-1}^{1} f(x^{(e)}(\xi)) \cdot \frac{1}{2}(1-\xi) \cdot \frac{h}{2} d\xi \\ \int_{-1}^{1} f(x^{(e)}(\xi)) \cdot \frac{1}{2}(1+\xi) \cdot \frac{h}{2} d\xi \end{pmatrix} \tag{5.8}$$

となります。

5.4　数値積分

　積分をルジャンドル多項式を用いて近似する方法は，ガウス－ルジャンドル積分と呼ばれ，計算量が少なく，比較的精度が高いことが知られています。ガウス－ルジャンドル積分では，積分を次式のように近似して計算します。

$$\int_{-1}^{1} F(\xi) d\xi \simeq \sum_{i=0}^{r-1} F(\xi_i) w_i$$

ξ_i は積分点，w_i は重みと呼ばれ表 5.2 のように与えられます。

表 5.2 ガウス－ルジャンドル積分の積分点と重み

積分点数 (r)	積分点 (ξ_i)	重み (w_i)
1	0.0	2.0
2	$\pm \frac{1}{\sqrt{3}}$	1.0
3	0.0	$\frac{8}{9}$
	$\pm \sqrt{\frac{3}{5}}$	$\frac{5}{9}$
4	$\pm \sqrt{\frac{3-2\sqrt{\frac{6}{5}}}{7}}$	$\frac{18+\sqrt{30}}{36}$
	$\pm \sqrt{\frac{3+2\sqrt{\frac{6}{5}}}{7}}$	$\frac{18-\sqrt{30}}{36}$
$\vdots$	$\vdots$	$\vdots$

　積分点数を 2 点とすると，行列の式 (5.7)，式 (5.8) の各要素は，

$$\tilde{A}_{r,s}^{(e)} = \begin{pmatrix} \int_{-1}^{1} \frac{1}{2h} d\xi & \int_{-1}^{1} -\frac{1}{2h} d\xi \\ \int_{-1}^{1} -\frac{1}{2h} d\xi & \int_{-1}^{1} \frac{1}{2h} d\xi \end{pmatrix} = \begin{pmatrix} \frac{1}{2h}+\frac{1}{2h} & -\frac{1}{2h}-\frac{1}{2h} \\ -\frac{1}{2h}-\frac{1}{2h} & \frac{1}{2h}+\frac{1}{2h} \end{pmatrix} = \begin{pmatrix} \frac{1}{h} & -\frac{1}{h} \\ -\frac{1}{h} & \frac{1}{h} \end{pmatrix}$$

$$\tilde{b}_r^{(e)} = \begin{pmatrix} \int_{-1}^{1} f(x^{(e)}(\xi)) \cdot \frac{1}{2}(1-\xi) \cdot \frac{h}{2} d\xi \\ \int_{-1}^{1} f(x^{(e)}(\xi)) \cdot \frac{1}{2}(1+\xi) \cdot \frac{h}{2} d\xi \end{pmatrix}$$

$$= \begin{pmatrix} f(x^{(e)}(-\frac{1}{\sqrt{3}})) \cdot \frac{1}{2}(1+\frac{1}{\sqrt{3}}) \cdot \frac{h}{2} + f(x^{(e)}(\frac{1}{\sqrt{3}})) \cdot \frac{1}{2}(1-\frac{1}{\sqrt{3}}) \cdot \frac{h}{2} \\ f(x^{(e)}(-\frac{1}{\sqrt{3}})) \cdot \frac{1}{2}(1-\frac{1}{\sqrt{3}}) \cdot \frac{h}{2} + f(x^{(e)}(\frac{1}{\sqrt{3}})) \cdot \frac{1}{2}(1+\frac{1}{\sqrt{3}}) \cdot \frac{h}{2} \end{pmatrix}$$

と計算できることがわかります。

5.5 行列の組立て

局所座標で求めた各要素の行列 $\tilde{A}_{r,s}^{(e)}$ を全体座標の行列 $A_{i,j}$ に組み込むには，$i = q(e,r)$, $j = q(e,s)$ を使って，

$$A_{q(e,r),q(e,s)} \leftarrow A_{q(e,r),q(e,s)} + \tilde{A}_{r,s}^{(e)}, \quad b_{q(e,r)} \leftarrow b_{q(e,r)} + \tilde{b}_r^{(e)}$$

とします。ただし，← は代入を表すとします。つまり，要素 e の 2×2 の行列の右下の要素と要素 $e+1$ の左上の要素を重ねるようにして，行列 $A_{i,j}$ が 3 重対角行列になるように並べることになります (図 5.5)。

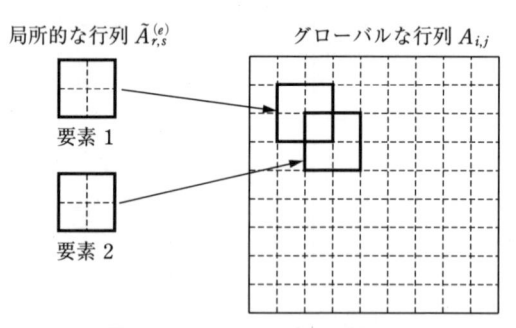

図 5.5 グローバルな行列の組立て

おのおのの要素の行列は，

$$\tilde{A}_{r,s}^{(e)} = \begin{pmatrix} \frac{1}{h} & -\frac{1}{h} \\ -\frac{1}{h} & \frac{1}{h} \end{pmatrix}$$

だったので，最終的に解くべき行列は以下のようになります．

$$\begin{pmatrix} \frac{1}{h} & -\frac{1}{h} & 0 & \cdots & \cdots & \cdots & \cdots & 0 \\ -\frac{1}{h} & \frac{2}{h} & -\frac{1}{h} & 0 & & & & \vdots \\ 0 & -\frac{1}{h} & \frac{2}{h} & -\frac{1}{h} & 0 & & & \vdots \\ \vdots & \ddots & \ddots & \ddots & & & & \vdots \\ \vdots & & 0 & -\frac{1}{h} & \frac{2}{h} & -\frac{1}{h} & 0 & \vdots \\ \vdots & & & & \ddots & \ddots & \ddots & \vdots \\ \vdots & & & 0 & -\frac{1}{h} & \frac{2}{h} & -\frac{1}{h} & 0 \\ \vdots & & & & 0 & -\frac{1}{h} & \frac{2}{h} & -\frac{1}{h} \\ 0 & \cdots & \cdots & \cdots & \cdots & 0 & -\frac{1}{h} & \frac{1}{h} \end{pmatrix} \begin{pmatrix} \nu_0 \\ \nu_1 \\ \nu_2 \\ \vdots \\ \vdots \\ \vdots \\ \nu_{n-3} \\ \nu_{n-2} \\ \nu_{n-1} \end{pmatrix} = \begin{pmatrix} b_0 \\ b_1 \\ b_2 \\ \vdots \\ \vdots \\ \vdots \\ b_{n-3} \\ b_{n-2} \\ b_{n-1} \end{pmatrix}$$

5.6 境界条件

5.6.1 第1種境界条件

先ほど，ディリクレ条件のために $\phi_i(0) = \phi_i(L) = 0$ を仮定しましたが，境界においては，$\nu_0 = u_0$，$\nu_{n-1} = u_L$ を直接代入すればよいため，ディリクレ条件を含む要素では基底関数を考慮する必要がないことがわかります．

ディリクレ条件については，$u(0)$ に境界条件 $u(0) = u_0$，すなわち，$\nu_0 = u_0$ を実現すればよいので，要素 0 の行列を，

$$\begin{pmatrix} 1 & 0 \\ -\frac{1}{h} & \frac{1}{h} \end{pmatrix} \begin{pmatrix} \tilde{\nu}_0 \\ \tilde{\nu}_1 \end{pmatrix} = \begin{pmatrix} u_0 \\ \tilde{b}_1 \end{pmatrix}$$

とすればよいことがわかります．これは，

$$\begin{pmatrix} 1 & 0 \\ 0 & \frac{1}{h} \end{pmatrix} \begin{pmatrix} \tilde{\nu}_0 \\ \tilde{\nu}_1 \end{pmatrix} = \begin{pmatrix} u_0 \\ \tilde{b}_1 + \frac{u_0}{h} \end{pmatrix}$$

とすることで，対称性を失うことなく，ディリクレ条件を行列に組み込むことがで

きます。

同様に，$u(L) = u_L$ においても，要素 $n-1$ を

$$\begin{pmatrix} \frac{1}{h} & 0 \\ 0 & 1 \end{pmatrix} \begin{pmatrix} \tilde{\nu}_0 \\ \tilde{\nu}_1 \end{pmatrix} = \begin{pmatrix} \tilde{b}_0 + \frac{u_L}{h} \\ u_L \end{pmatrix}$$

とすることでディリクレ条件を組み込むことができます。

5.6.2　第2種境界条件

第2種境界条件の扱いについては，式 (5.6) に戻って考えます。

$$\sum_{j=0}^{m-1} \left(\int_0^L \frac{\partial \phi_i}{\partial x} \frac{\partial \phi_j}{\partial x} dx \right) \nu_j - \left[\phi_i(x) \frac{\partial \phi_j \nu_j}{\partial x} \right]_0^L = \int_0^L f(x) \phi_i(x) dx \quad (再掲)$$

上式を変形すると，

$$\sum_{j=0}^{m-1} \left(\int_0^L \frac{\partial \phi_i}{\partial x} \frac{\partial \phi_j}{\partial x} dx \right) \nu_j$$
$$= \int_0^L f(x) \phi_i(x) dx + \phi_i(L) \frac{\partial \hat{u}_j(L)}{\partial x} - \phi_i(0) \frac{\partial \hat{u}_j(0)}{\partial x}$$

となるので，$\frac{\partial \hat{u}_j(L)}{\partial x}$ と $\frac{\partial \hat{u}_j(0)}{\partial x}$ には，それぞれ，境界 $x = 0$ と $x = L$ におけるノイマン条件の値をそのまま代入すればよいことがわかります。

5.7　1次元ポアソン方程式

1次元ポアソン方程式，

$$\frac{\partial^2 u}{\partial x^2} + \beta = 0, \quad 0 < x < 1, \quad u(0) = 0, \quad u(1) = 1$$

の解析解は，有限体積法の章ですでに述べましたが，次のように与えられます。

$$u = -\frac{1}{2}\beta x^2 + (\frac{1}{2}\beta + 1)x$$

すでに説明はすんでいるので，ここではプログラムのみを掲載します。

リスト 28　Main プログラム

```csharp
1   using System;
2   using System.IO;
3   using System.Text;
4
5   namespace NumericalSolution {
6     class Poisson1DFEMMain {
7
8       static String outfile = "c:/nsworkspace/poisson1d_fem.csv";
9       static double beta = 2.0;
10
11      public static void Main() {
12
13        Poisson1DFEM problem = new Poisson1DFEM();
14        problem.NumberOfElements = 10;
15        problem.NumberOfNodesInAnElement = 2;
16        problem.NumericalIntegration = new GaussLagrange(2);
17        problem.Beta = beta;
18
19        problem.CreateMesh();
20        problem.AssembleMatrix();
21
22        Node[] result = problem.Solve();
23
24        StreamWriter writer = File.CreateText(outfile);
25        writer.WriteLine("x" + "," + "exact" + "," + "numerical");
26        for (int i = 0; i < result.Length; i++) {
27          writer.Write(result[i].X + ", ");
28          writer.Write(exact(result[i].X) + ", ");
29          writer.WriteLine(result[i].Value);
30        }
31        writer.Close();
32      }
33
34      public static double exact(double x) {
35        return -0.5 * beta * x * x + (0.5 * beta + 1) * x;
36      }
37    }
38  }
```

リスト 29　Poisson1DFEM クラス

```csharp
1   using System;
2   using System.Collections.Generic;
3   using LatoolNet;
```

```csharp
namespace NumericalSolution {
  class Poisson1DFEM {

    private int m_numberOfElements;
    private int m_numberOfNodes;
    private int m_numberOfNodesInAnElement;
    private NumericalIntegration m_integration;
    private double m_beta = Double.NaN;
    private Element[] m_elements;
    private Dictionary<int, Node> m_nodeMap = new Dictionary<int, Node>();
    private Matrix m_A;
    private Matrix m_b;

    public int NumberOfElements {
      get { return m_numberOfElements; }
      set {
        m_numberOfElements = value;
        m_numberOfNodes = value + 1;
      }
    }

    public int NumberOfNodes {
      get { return m_numberOfNodes; }
    }

    public int NumberOfNodesInAnElement {
      get { return m_numberOfNodesInAnElement; }
      set { m_numberOfNodesInAnElement = value; }
    }

    public double Beta {
      get { return m_beta; }
      set { m_beta = value; }
    }

    public NumericalIntegration NumericalIntegration {
      get { return m_integration; }
      set { m_integration = value; }

    }
    public void CreateMesh() {

      double x_begin = 0.0;
      double x_end = 1.0;
      double x_delta = (x_end - x_begin) / m_numberOfElements;
```

```
51        m_elements = new Element[m_numberOfElements];
52        int number = 0;
53        for (int i = 0; i < m_numberOfElements; i++) {
54          Element e = new Element(m_numberOfNodesInAnElement);
55          m_elements[i] = e;
56          e.Number = number++;
57          e.Node[0].X = i * x_delta;
58          e.Node[1].X = (i + 1) * x_delta;
59
60          if (m_nodeMap.ContainsKey(q(e.Number,0)) == false) {
61            m_nodeMap.Add(q(e.Number, 0), e.Node[0]);
62          }
63          if (m_nodeMap.ContainsKey(q(e.Number,1)) == false) {
64            m_nodeMap.Add(q(e.Number, 1), e.Node[1]);
65          }
66        }
67      }
68
69      public void AssembleMatrix() {
70
71        m_A = new Matrix(m_numberOfNodes, m_numberOfNodes, 3);
72        m_b = new Matrix(m_numberOfNodes, 1);
73
74        for (int i = 0; i < m_numberOfElements; i++) {
75          Matrix A_e = new Matrix(m_numberOfNodesInAnElement,
76                                  m_numberOfNodesInAnElement);
77          Matrix b_e = new Matrix(m_numberOfNodesInAnElement, 1);
78
79          Element element = m_elements[i];
80          AssembleLocalMatrix(A_e, b_e, element);
81          AssembleGlobalMatrix(A_e, b_e, element);
82        }
83
84      }
85
86      private void AssembleLocalMatrix(Matrix A_e,
87                                       Matrix b_e,
88                                       Element element) {
89
90        for (int integrationIndex = 0;
91             integrationIndex < m_integration.NumberOfIntegrationPoints;
92             integrationIndex++) {
93
94          Integrands(A_e, b_e, element,
95                     m_integration.IntegrationPoint(integrationIndex),
96                     m_integration.Weight(integrationIndex));
97        }
```

```csharp
    }

    private void Integrands(Matrix A_e, Matrix b_e, Element element,
                            double xi, double weight) {
      double h = element.Node[1].X - element.Node[0].X;
      double J = h / 2;

      for (int r = 0; r < m_numberOfNodesInAnElement; r++) {
        for (int s = 0; s < m_numberOfNodesInAnElement; s++) {
          A_e[r, s] += dPhi(r, xi) * (2 / h) *
                       dPhi(s, xi) * (2 / h) *
                       J * weight;
        }
        b_e[r, 0] += m_beta * Phi(r, xi) * J * weight;
      }
    }

    private void AssembleGlobalMatrix(Matrix A_e, Matrix b_e, Element e) {

      if (e.Number == 0) {
        A_e[0, 0] = 1;
        A_e[0, 1] = 0;
        b_e[0, 0] = 0;
      }
      if (e.Number == m_numberOfElements - 1) {
        A_e[1, 1] = 1;
        A_e[1, 0] = 0;
        b_e[1, 0] = 1;
      }
      for (int r = 0; r < m_numberOfNodesInAnElement; r++) {
        for (int s = 0; s < m_numberOfNodesInAnElement; s++) {
          m_A[q(e.Number, r), q(e.Number, s)] += A_e[r, s];
        }
        m_b[q(e.Number, r), 0] += b_e[r, 0];
      }
    }

    public Node[] Solve() {

      LUFactorization.Solve(m_A, m_b);
      List<Node> nodelist = new List<Node>();
      for (int i = 0; i < m_numberOfNodes; i++) {
        Node node = m_nodeMap[i];
        node.Value = m_b[i, 0];
        nodelist.Add(node);
      }
```

```
145        m_A.Dispose();
146        m_b.Dispose();
147        return nodelist.ToArray();
148      }
149
150      private double Phi(int type, double xi) {
151        if (type == 0) {
152          return 0.5 * (1 - xi);
153        } else if (type == 1) {
154          return 0.5 * (1 + xi);
155        }
156        throw new ArgumentOutOfRangeException();
157      }
158
159      private double dPhi(int type, double xi) {
160        if (type == 0) {
161          return -0.5;
162        } else if (type == 1) {
163          return 0.5;
164        }
165        throw new ArgumentOutOfRangeException();
166      }
167
168      private int q(int elementNumber, int localNumber) {
169        return elementNumber + localNumber;
170      }
171    }
172  }
```

リスト30 Element クラス

```
1   namespace NumericalSolution {
2     class Element {
3       private Node[] m_nodes;
4       private int m_number;
5       private int m_numNodesInAnElement;
6
7       public Element(int numNodesInAnElement) {
8         m_nodes = new Node[numNodesInAnElement];
9         for (int i = 0; i < numNodesInAnElement; i++) {
10          m_nodes[i] = new Node();
11        }
12        m_numNodesInAnElement = numNodesInAnElement;
13      }
14
15      public int Number {
```

```
16       get { return m_number; }
17       set { m_number = value; }
18     }
19
20     public int NumberOfNodesInAnElement {
21       get { return m_numNodesInAnElement; }
22     }
23
24     public Node[] Node {
25       get { return m_nodes; }
26     }
27   }
28 }
```

リスト 31 Node クラス

```
1  namespace NumericalSolution {
2    class Node {
3      private double m_x;
4      private double m_y;
5      private double m_z;
6      private int m_index;
7      private double m_value;
8
9      public double Value {
10       get { return m_value; }
11       set { m_value = value; }
12     }
13
14     public int Index {
15       get { return m_index; }
16       set { m_index = value; }
17     }
18
19     public double X {
20       get { return m_x; }
21       set { m_x = value; }
22     }
23
24     public double Y {
25       get { return m_y; }
26       set { m_y = value; }
27     }
28
29     public double Z {
30       get { return m_z; }
```

```
31        set { m_z = value; }
32      }
33    }
34  }
```

リスト 32 NumericalIntegration インタフェース

```
1   namespace NumericalSolution {
2     interface NumericalIntegration {
3       int NumberOfIntegrationPoints {
4         get;
5         set;
6       }
7       double Weight(int index);
8       double IntegrationPoint(int index);
9     }
10  }
```

リスト 33 GaussLagrange クラス

```
1   using System;
2
3   namespace NumericalSolution {
4     class GaussLagrange : NumericalIntegration {
5       private int m_numberOfIntegrationPoints;
6       private double[] m_integrationPoints;
7       private double[] m_weights;
8
9       public GaussLagrange(int numberOfIntegrationPoints) {
10
11        m_numberOfIntegrationPoints = numberOfIntegrationPoints;
12
13        m_integrationPoints = new double[m_numberOfIntegrationPoints];
14        m_weights = new double[m_numberOfIntegrationPoints];
15
16        if (m_numberOfIntegrationPoints == 1) {
17          m_integrationPoints[0] = 0.0;
18          m_weights[0] = 2.0;
19          return;
20        } else if (m_numberOfIntegrationPoints == 2) {
21          m_integrationPoints[0] = -1 / Math.Sqrt(3);
22          m_integrationPoints[1] = 1 / Math.Sqrt(3);
23          m_weights[0] = 1.0;
24          m_weights[1] = 1.0;
25          return;
```

```
26        } else if (m_numberOfIntegrationPoints == 3) {
27          m_integrationPoints[0] = -Math.Sqrt(3 / 5);
28          m_integrationPoints[1] = 0.0;
29          m_integrationPoints[2] = Math.Sqrt(3 / 5);
30          m_weights[0] = 5 / 9;
31          m_weights[1] = 8 / 9;
32          m_weights[2] = 5 / 9;
33          return;
34        }
35        throw new ArgumentOutOfRangeException("Not yet implemented.");
36      }
37
38      public int NumberOfIntegrationPoints {
39        get { return m_numberOfIntegrationPoints; }
40        set { m_numberOfIntegrationPoints = value; }
41      }
42
43      public double Weight(int index) {
44        return m_weights[index];
45      }
46
47      public double IntegrationPoint(int index) {
48        return m_integrationPoints[index];
49      }
50    }
51  }
```

5.8　1次元拡散方程式

1次元拡散方程式,

$$\frac{\partial u}{\partial t} = \alpha \frac{\partial^2 u}{\partial x^2}, \quad 0 < x < L, \quad u(0,t) = 0, \quad u(L,t) = 0 \tag{5.9}$$

$$u(x,0) = \sin \pi x$$

は変数分離によって解くこともできます。従属変数 u が x の関数と t の関数の積,

$$u(x,t) = X(x)T(t) \tag{5.10}$$

で表されるとして，式 (5.10) を式 (5.9) に代入します。

$$X\frac{dT}{dt} = \alpha \frac{d^2 X}{dx^2} T$$

を得るので，左辺を t の関数，右辺を x の関数となるように変形します．

$$\frac{1}{T}\frac{dT}{dt} = \frac{1}{X}\alpha\frac{d^2X}{dx^2}$$

それぞれの独立変数 t, x が取り得るすべての値について両辺が等しくなるためには，両辺が定数である必要があるので，その定数を $-\lambda$ とすると，

$$\frac{dT}{dt} = -\lambda T \tag{5.11}$$

$$-\alpha\frac{d^2X}{dx^2} - \lambda X = 0 \tag{5.12}$$

が得られます．式 (5.11) は容易に解を得ることができ，

$$T(t) = Ce^{-\lambda t} \tag{5.13}$$

となります．C は定数です．したがって，式 (5.12) を解くことで，λ と X を求めることができれば，T と u も求められることになります．

$$X = \sum_{j=0}^{m-1} \nu_j \phi_j(x)$$

として，重み関数にガラーキン法を採用すれば，

$$\sum_{j=0}^{m-1}\left(\int_0^L \alpha\frac{\partial\phi_i}{\partial x}\frac{\partial\phi_j}{\partial x}dx\right)\nu_j - \left[\phi_i\frac{\partial\phi_j}{\partial x}\right]_0^L$$

$$-\lambda\sum_{j=0}^{m-1}\left(\int_0^L \phi_i\phi_j dx\right)\nu_j = 0 \tag{5.14}$$

となるので，問題のとおりに境界値に固定値 0 を指定すると，左辺第 2 項が消去され，式 (5.14) は結局，

$$A\nu = \lambda B\nu$$

と表される一般化固有値問題に帰着することがわかります．固有値 λ により $T(t)$ を求めることができ，クロネッカーのデルタの性質をもつ基底関数により固有ベクトル ν は $X(x)$ そのものとなるので，求める u は，

$$u(x,t) = u(x,0)\nu e^{-\lambda t}$$

を計算することで得られます．リスト34，リスト35に問題の方程式を解くプログラムを掲載します．

このプログラムを使って，エレメント数と時間ステップを変化させたときの誤差への影響をグラフ化すると図5.6のようになります．変数分離したことで$T(t)$が厳密解となるため，時間ステップ幅が変化しても誤差の量が変化しないことが確認できます（図ではそれぞれの時間ステップ幅の結果が1つの線に重なって見えます）．グラフ化するためのプログラムは掲載しませんが，3.3節の数値解と解析解の誤差を比較するプログラムを若干修正することにより図5.6のデータを得ることができます．

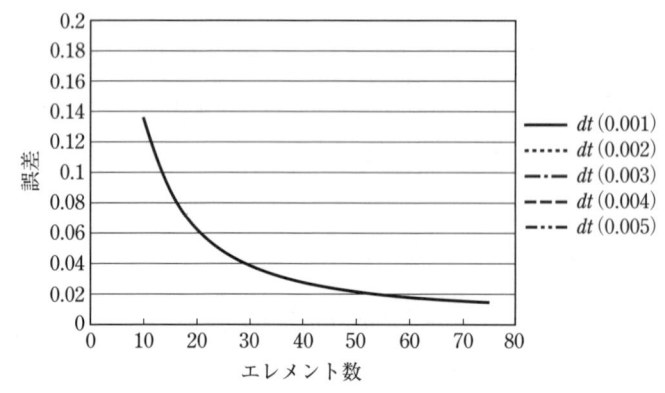

図 5.6 エレメント数と時間ステップの誤差への影響
（曲線は各時間ステップの結果が同一なため線がすべて重なっている）

一般化固有値問題の計算にはLatoolNetのEigenvalueProblemクラスを利用することができます．なお，EigenvalueProblemクラスは内部でCLAPACKのdspgv関数を使用しています．

リスト34　Mainプログラム

```
1    using System;
2    using System.IO;
3
4    namespace NumericalSolution {
```

5.8 1次元拡散方程式 119

```
 5    class Diffusion1DFEMMain {
 6
 7      static String outfile = "c:/nsworkspace/diffusion1dfem.txt";
 8
 9      public static void Main() {
10        Diffusion1DFEM sim = new Diffusion1DFEM();
11        sim.NumberOfElements = 21;
12        sim.NumberOfNodesInAnElement = 2;
13        sim.DeltaX = 1.0 / sim.NumberOfElements;
14        sim.NumericalIntegration = new GaussLagrange(2);
15        sim.EndTime = 1.0;
16        sim.DeltaTime = 0.005;
17        sim.CreateMesh();
18        sim.Solve();
19
20        double[] u;
21        StreamWriter writer = File.CreateText(outfile);
22
23        double error = 0.0;
24        double count = 0;
25        double maxError = 0.0;
26        for (sim.CurrentTime = 0.0;
27             sim.CurrentTime <= sim.EndTime;
28             sim.CurrentTime += sim.DeltaTime) {
29
30          if (sim.CurrentTime == 0.0) {
31            u = sim.Initialize();
32          } else {
33            u = sim.Next();
34          }
35
36          for (int i = 0; i < u.Length; i++) {
37            double t = sim.CurrentTime;
38            double x = sim.DeltaX * i;
39            double n = u[i];
40            double e = exact(x, t);
41            writer.Write(t + " ");
42            writer.Write(x + " ");
43            writer.WriteLine(n);
44
45            if (e != 0) {
46              error = error + Math.Abs(n - e) / e;
47              count++;
48              double te = Math.Abs(n - e);
49              if (te > maxError) {
50                maxError = te;
51              }
```

```
 52          }
 53         }
 54         writer.WriteLine();
 55       }
 56       error /= count;
 57       writer.WriteLine("%ERROR: " + error);
 58       writer.WriteLine("%MAX ERROR: " + maxError);
 59       writer.Close();
 60     }
 61
 62     public static double exact(double x, double t) {
 63       return Math.Sin(Math.PI * x) * Math.Exp(- Math.PI * Math.PI * t);
 64     }
 65   }
 66 }
```

リスト 35　Diffusion1DFEM クラス

```
 1  using System;
 2  using System.Collections.Generic;
 3  using LatoolNet;
 4
 5  namespace NumericalSolution {
 6    class Diffusion1DFEM {
 7      private int m_numberOfElements;
 8      private int m_numberOfNodes;
 9      private int m_numberOfNodesInAnElement;
10      private NumericalIntegration m_integration;
11      private Element[] m_elements;
12      private Matrix m_A;
13      private Matrix m_B;
14      private double[] m_initial_u;
15      private double m_deltaTime;
16      private double m_currentTime;
17      private double m_endTime;
18      private double m_deltaX;
19      private double m_lambda;
20      private double[] m_vec;
21
22      public int NumberOfElements {
23        get { return m_numberOfElements; }
24        set {
25          m_numberOfElements = value;
26          m_numberOfNodes = value + 1;
27        }
28      }
```

```
29
30      public int NumberOfNodes {
31        get { return m_numberOfNodes; }
32      }
33
34      public int NumberOfNodesInAnElement {
35        get { return m_numberOfNodesInAnElement; }
36        set { m_numberOfNodesInAnElement = value; }
37      }
38
39      public double DeltaX {
40        get { return m_deltaX; }
41        set { m_deltaX = value; }
42      }
43
44      public double DeltaTime {
45        get { return m_deltaTime; }
46        set { m_deltaTime = value; }
47      }
48
49      public double CurrentTime {
50        get { return m_currentTime; }
51        set { m_currentTime = value; }
52      }
53
54      public double EndTime {
55        get { return m_endTime; }
56        set { m_endTime = value; }
57      }
58
59      public NumericalIntegration NumericalIntegration {
60        get { return m_integration; }
61        set { m_integration = value; }
62
63      }
64      public void CreateMesh() {
65
66        m_elements = new Element[m_numberOfElements];
67        int number = 0;
68        for (int i = 0; i < m_numberOfElements; i++) {
69          Element e = new Element(m_numberOfNodesInAnElement);
70          m_elements[i] = e;
71          e.Number = number++;
72          e.Node[0].X = i * m_deltaX;
73          e.Node[1].X = (i + 1) * m_deltaX;
74        }
75      }
```

```
 76
 77       public void Solve() {
 78
 79         m_A = new Matrix(m_numberOfNodes, m_numberOfNodes,
 80                          MatrixType.DoubleSymmetric);
 81         m_B = new Matrix(m_numberOfNodes, m_numberOfNodes,
 82                          MatrixType.DoubleSymmetric);
 83
 84         for (int i = 0; i < m_numberOfElements; i++) {
 85           Matrix A_e = new Matrix(m_numberOfNodesInAnElement,
 86                                   m_numberOfNodesInAnElement);
 87           Matrix B_e = new Matrix(m_numberOfNodesInAnElement,
 88                                   m_numberOfNodesInAnElement);
 89
 90           Element element = m_elements[i];
 91           AssembleLocalMatrix(A_e, B_e, element);
 92           AssembleGlobalMatrix(A_e, B_e, element);
 93         }
 94
 95         EigenvalueProblem p = new EigenvalueProblem();
 96         p.GeneralizedSolve(m_A, m_B);
 97
 98         m_lambda = p.EigenValue[1, 0];
 99
100         m_vec = new double[p.EigenVector.ColNum];
101         for (int i = 0; i < p.EigenVector.ColNum - 1; i++) {
102           m_vec[i] = Math.Abs(p.EigenVector[i, 0]);
103         }
104
105       }
106
107       private void AssembleLocalMatrix(Matrix A_e,
108                                        Matrix B_e,
109                                        Element element) {
110
111         for (int integrationIndex = 0;
112              integrationIndex < m_integration.NumberOfIntegrationPoints;
113              integrationIndex++) {
114
115           Integrands(A_e, B_e, element,
116                      m_integration.IntegrationPoint(integrationIndex),
117                      m_integration.Weight(integrationIndex));
118         }
119       }
120
121       private void Integrands(Matrix A_e, Matrix B_e, Element element,
122                               double xi, double weight) {
```

5.8 1次元拡散方程式　123

```
123        double h = element.Node[1].X - element.Node[0].X;
124        double J = h / 2;
125
126        for (int r = 0; r < m_numberOfNodesInAnElement; r++) {
127          for (int s = 0; s < m_numberOfNodesInAnElement; s++) {
128            A_e[r, s] += dPhi(r, xi) * (2 / h) *
129                         dPhi(s, xi) * (2 / h) *
130                         J * weight;
131            B_e[r, s] += Phi(r, xi) * Phi(s, xi) * J * weight;
132          }
133        }
134      }
135
136      private void AssembleGlobalMatrix(Matrix A_e, Matrix B_e, Element e) {
137
138        for (int r = 0; r < m_numberOfNodesInAnElement; r++) {
139          for (int s = 0; s < m_numberOfNodesInAnElement; s++) {
140            m_A[q(e.Number, r), q(e.Number, s)] += A_e[r, s];
141            m_B[q(e.Number, r), q(e.Number, s)] += B_e[r, s];
142          }
143        }
144      }
145
146      public double[] Initialize() {
147        m_currentTime = 0.0;
148
149        m_initial_u = new double[m_numberOfNodes];
150        m_initial_u[0] = 0.0;
151        for (int i = 1; i < m_numberOfNodes - 1; i++) {
152          m_initial_u[i] = Math.Sin(Math.PI * i * m_deltaX);
153        }
154        m_initial_u[m_numberOfNodes - 1] = 0.0;
155
156        return m_initial_u;
157      }
158
159      public double[] Next() {
160
161        double[] current_u = new double[m_numberOfNodes];
162        current_u[0] = 0.0;
163        for (int i = 0; i < m_numberOfNodes; i++) {
164          current_u[i] = m_initial_u[i]
165            * m_vec[i] * Math.Exp(- m_lambda * m_currentTime);
166        }
167        current_u[m_numberOfNodes - 1] = 0.0;
168
169        return current_u;
```

```
170       }
171     }
172
173     private double Phi(int type, double xi) {
174       if (type == 0) {
175         return 0.5 * (1 - xi);
176       } else if (type == 1) {
177         return 0.5 * (1 + xi);
178       }
179       throw new ArgumentOutOfRangeException();
180     }
181
182     private double dPhi(int type, double xi) {
183       if (type == 0) {
184         return -0.5;
185       } else if (type == 1) {
186         return 0.5;
187       }
188       throw new ArgumentOutOfRangeException();
189     }
190
191     private int q(int elementNumber, int localNumber) {
192       return elementNumber + localNumber;
193     }
194   }
195 }
```

5.9　2次元ポアソン方程式

次のような2次元ポアソン方程式を考えます。

$$\frac{\partial^2 u}{\partial x^2} + \frac{\partial^2 u}{\partial y^2} + f(x,y) = 0, \quad 0 < x < L_x, \quad 0 < y < L_y$$

ガラーキン法により重み関数を $\phi(x,y)$ として得られる次の式から始めます。

$$-\sum_{j=1}^{m} \left[\int_0^{L_y} \int_0^{L_x} \phi_i \left(\frac{\partial^2 \phi_j}{\partial x^2} + \frac{\partial^2 \phi_j}{\partial y^2} \right) dxdy \right] \nu_j = \int_0^{L_y} \int_0^{L_x} f \cdot \phi_i dxdy$$

まず，左辺の積分の第1項を部分積分して，境界条件の扱いは1次元の場合と同様なのでここでは割愛すると，

$$-\int_0^{L_y}\int_0^{L_x}\phi_i\frac{\partial^2\phi_j}{\partial x^2}dxdy = \int_0^{L_y}\left(\int_0^{L_x}\frac{\partial\phi_i}{\partial x}\frac{\partial\phi_j}{\partial x}dx - \left[\phi_i\frac{\partial\phi_j}{\partial x}\right]_0^{L_x}\right)dy$$
$$= \int_0^{L_y}\left(\int_0^{L_x}\frac{\partial\phi_i}{\partial x}\frac{\partial\phi_j}{\partial x}dx\right)dy$$

となるので，第2項についても同様の操作により，

$$\sum_{j=0}^{m-1}\int_0^{L_y}\int_0^{L_x}\frac{\partial\phi_i}{\partial x}\frac{\partial\phi_j}{\partial x}+\frac{\partial\phi_i}{\partial y}\frac{\partial\phi_j}{\partial y}dxdy = \int_0^{L_y}\int_0^{L_x}f\cdot\phi_i dxdy \quad (5.15)$$

を得ます．

2次元の要素にはいろいろな形状のものがあり，それぞれ基底関数も異なるのですが，ここでは x を $\xi\in[-1,1]$, y を $\eta\in[-1,1]$ の正方形の領域にマッピングする四角形の要素について説明します (図5.7)．

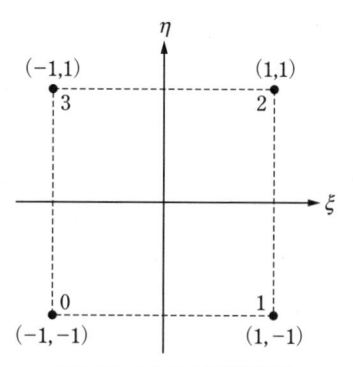

図 5.7 2次元の局所座標系

基底関数については，1次元の基底関数を組み合わせることで，2次元の基底関数をつくる方法がシンプルです．1次元の基底関数，

$$\tilde{\phi}_0(\xi) = \frac{1}{2}(1-\xi), \quad \tilde{\phi}_1(\xi) = \frac{1}{2}(1+\xi)$$

から，

$$\tilde{\phi}_0(\xi,\eta) = \tilde{\phi}_0(\xi)\tilde{\phi}_0(\eta) = \frac{1}{2}(1-\xi)\cdot\frac{1}{2}(1-\eta)$$
$$\tilde{\phi}_1(\xi,\eta) = \tilde{\phi}_1(\xi)\tilde{\phi}_0(\eta) = \frac{1}{2}(1+\xi)\cdot\frac{1}{2}(1-\eta)$$

$$\tilde{\phi}_2(\xi,\eta) = \tilde{\phi}_1(\xi)\tilde{\phi}_1(\eta) = \frac{1}{2}(1+\xi)\cdot\frac{1}{2}(1+\eta)$$

$$\tilde{\phi}_3(\xi,\eta) = \tilde{\phi}_0(\xi)\tilde{\phi}_1(\eta) = \frac{1}{2}(1-\xi)\cdot\frac{1}{2}(1+\eta)$$

を用意できます．基底関数の座標変換後の微分については，合成関数の微分より，

$$\frac{\partial \tilde{\phi}_r}{\partial \xi} = \frac{\partial \phi_i}{\partial x}\frac{\partial x}{\partial \xi} + \frac{\partial \phi_i}{\partial y}\frac{\partial y}{\partial \xi}, \quad r=0,1,2,3$$

$$\frac{\partial \tilde{\phi}_r}{\partial \eta} = \frac{\partial \phi_i}{\partial x}\frac{\partial x}{\partial \eta} + \frac{\partial \phi_i}{\partial y}\frac{\partial y}{\partial \eta}, \quad r=0,1,2,3$$

であり，ヤコビ行列 J を用いて，

$$\begin{pmatrix} \frac{\partial \tilde{\phi}_r}{\partial \xi} \\ \frac{\partial \tilde{\phi}_r}{\partial \eta} \end{pmatrix} = \begin{pmatrix} \frac{\partial x}{\partial \xi} & \frac{\partial y}{\partial \xi} \\ \frac{\partial x}{\partial \eta} & \frac{\partial y}{\partial \eta} \end{pmatrix} \begin{pmatrix} \frac{\partial \phi_i}{\partial x} \\ \frac{\partial \phi_i}{\partial y} \end{pmatrix} = J \begin{pmatrix} \frac{\partial \phi_i}{\partial x} \\ \frac{\partial \phi_i}{\partial y} \end{pmatrix}$$

と表記できるので，$\frac{\partial \phi_i}{\partial x}$, $\frac{\partial \phi_i}{\partial y}$ は，

$$\begin{pmatrix} \frac{\partial \phi_i}{\partial x} \\ \frac{\partial \phi_i}{\partial y} \end{pmatrix} = J^{-1} \begin{pmatrix} \frac{\partial \tilde{\phi}_r}{\partial \xi} \\ \frac{\partial \tilde{\phi}_r}{\partial \eta} \end{pmatrix}$$

のようにヤコビ行列の逆行列を左から掛けたものと見ることができます．したがって，式 (5.15) は座標変換され，

$$\int_{-1}^{1}\int_{-1}^{1} J^{-1}\begin{pmatrix}\frac{\partial}{\partial \xi} \\ \frac{\partial}{\partial \eta}\end{pmatrix}\tilde{\phi}_r J^{-1}\begin{pmatrix}\frac{\partial}{\partial \xi} \\ \frac{\partial}{\partial \eta}\end{pmatrix}\tilde{\phi}_s |J|d\xi d\eta = \int_{-1}^{1}\int_{-1}^{1} f\cdot\phi_r |J|d\xi d\eta$$

となります．

全体座標へのマッピングのための関数が基底関数と同じであるアイソパラメトリック要素であれば x, y はそれぞれ

$$x^{(e)} = \sum_{r=0}^{3} \tilde{\phi}_r(\xi,\eta) x^{q(e,r)}$$

$$y^{(e)} = \sum_{r=0}^{3} \tilde{\phi}_r(\xi,\eta) y^{q(e,r)}$$

と表すことができるので，ヤコビ行列の各要素については，

$$\frac{\partial x^{(e)}}{\partial \xi} = \sum_{r=0}^{3} \frac{\partial \tilde{\phi}_r}{\partial \xi} x^{q(e,r)}, \quad \frac{\partial x^{(e)}}{\partial \eta} = \sum_{r=0}^{3} \frac{\partial \tilde{\phi}_r}{\partial \eta} x^{q(e,r)}$$

$$\frac{\partial y^{(e)}}{\partial \xi} = \sum_{r=0}^{3} \frac{\partial \tilde{\phi}_r}{\partial \xi} y^{q(e,r)}, \quad \frac{\partial y^{(e)}}{\partial \eta} = \sum_{r=0}^{3} \frac{\partial \tilde{\phi}_r}{\partial \eta} y^{q(e,r)}$$

となり，基底関数から計算できることがわかります。

2次元ポアソン方程式,

$$\frac{\partial^2 u}{\partial x^2} + \frac{\partial^2 u}{\partial y^2} + f(x,y) = 0, \quad 0 < x < 1, \quad 0 < y < 1,$$
$$u(x,0) = 0, \quad u(x,1) = 0, \quad u(0,y) = 0, \quad u(1,y) = 0$$

は，すでに見たように,

$$f(x,y) = -2x(x-1) - 2y(y-1)$$

のとき，解析解は次のように表されるので,

$$u(x,y) = x(x-1)y(y-1)$$

プログラムの出力結果を解析解および有限体積法の結果と比較することができます。

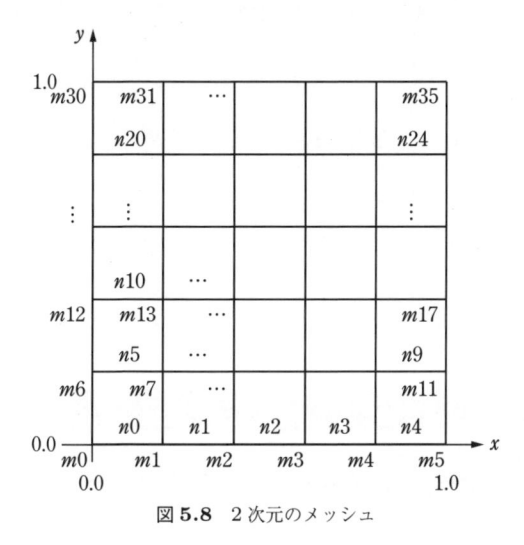

図 **5.8** 2次元のメッシュ

なお，プログラム中では，計算領域は均等な正方形の小領域に分けられ，要素 (n) とノード (m) の関係は，各軸における要素数が 5 の場合，図 5.8 のようになっています．

リスト 36　Main プログラム

```
1   using System;
2   using System.IO;
3
4   namespace NumericalSolution {
5     class Poisson2DFEMMain {
6
7       static String outfile = "c:/nsworkspace/poisson2dfem.txt";
8
9       public static void Main() {
10
11        Poisson2DFEM problem = new Poisson2DFEM();
12        problem.NumberOfElements = 20;
13        problem.NumberOfNodesInAnElement = 4;
14        problem.NumericalIntegration = new GaussLagrange(2);
15
16        problem.CreateMesh();
17        problem.AssembleMatrix();
18        Node[] node = problem.Solve();
19
20        StreamWriter writer = File.CreateText(outfile);
21        for (int i = 0; i < node.Length; i++) {
22          if (i != 0 && i % problem.NumberOfNodes == 0) {
23            writer.WriteLine();
24          }
25
26          writer.Write(node[i].X + " ");
27          writer.Write(node[i].Y + " ");
28          writer.WriteLine(node[i].Value);
29        }
30        writer.Close();
31      }
32    }
33  }
```

リスト 37　Poisson2DFEM クラス

```
1   using System;
2   using System.Collections.Generic;
3   using LatooJNet;
```

```csharp
namespace NumericalSolution {
  class Poisson2DFEM {
    private int m_numberOfElements;
    private int m_numberOfNodes;
    private int m_numberOfNodesInAnElement;
    private NumericalIntegration m_integration;

    private Element[] m_elements;
    private Dictionary<int, Node> m_nodeMap = new Dictionary<int, Node>();
    private Matrix m_A;
    private Matrix m_b;


    public int NumberOfElements {
      get { return m_numberOfElements; }
      set {
        m_numberOfElements = value;
        m_numberOfNodes = value + 1;
      }
    }

    public int NumberOfNodes {
      get { return m_numberOfNodes; }
    }

    public int NumberOfNodesInAnElement {
      get { return m_numberOfNodesInAnElement; }
      set { m_numberOfNodesInAnElement = value; }
    }

    public NumericalIntegration NumericalIntegration {
      get { return m_integration; }
      set { m_integration = value; }

    }
    public void CreateMesh() {

      m_elements = new Element[m_numberOfElements * m_numberOfElements];

      double x_begin = 0.0;
      double x_end = 1.0;
      double x_delta = (x_end - x_begin) / m_numberOfElements;

      double y_begin = 0.0;
      double y_end = 1.0;
      double y_delta = (y_end - y_begin) / m_numberOfElements;
```

```csharp
      for (int i = 0; i < m_numberOfElements * m_numberOfElements; i++) {
        int col = i % m_numberOfElements;
        int row = i / m_numberOfElements;

        Element e = new Element(m_numberOfNodesInAnElement);
        m_elements[i] = e;
        e.Number = i;
        e.Node[0].X = col * x_delta;
        e.Node[0].Y = row * y_delta;
        e.Node[1].X = col * x_delta + x_delta;
        e.Node[1].Y = row * y_delta;
        e.Node[2].X = col * x_delta + x_delta;
        e.Node[2].Y = row * y_delta + y_delta;
        e.Node[3].X = col * x_delta;
        e.Node[3].Y = row * y_delta + y_delta;

        e.Node[0].Index = row * m_numberOfNodes + col;
        e.Node[1].Index = row * m_numberOfNodes + col + 1;
        e.Node[2].Index = row * m_numberOfNodes + col +
                          m_numberOfNodes + 1;
        e.Node[3].Index = row * m_numberOfNodes + col + m_numberOfNodes;

        for (int n = 0; n < m_numberOfNodesInAnElement; n++) {
          if (m_nodeMap.ContainsKey(e.Node[n].Index) == false) {
            m_nodeMap.Add(e.Node[n].Index, e.Node[n]);
          }
        }

      }
    }

    public void AssembleMatrix() {

      m_A = new Matrix(m_numberOfNodes * m_numberOfNodes,
                       m_numberOfNodes * m_numberOfNodes,
                       m_numberOfNodes + 1, m_numberOfNodes + 1);
      m_b = new Matrix(m_numberOfNodes * m_numberOfNodes, 1);

      for (int e = 0; e < m_elements.Length; e++) {
        Matrix A_e = new Matrix(m_numberOfNodesInAnElement,
                                m_numberOfNodesInAnElement);
        Matrix b_e = new Matrix(m_numberOfNodesInAnElement, 1);

        Element element = m_elements[e];

        AssembleLocalMatrix(A_e, b_e, element);
```

5.9 2次元ポアソン方程式

```
 98            AssembleGlobalMatrix(A_e, b_e, element);
 99
100            A_e.Dispose();
101            b_e.Dispose();
102        }
103
104    }
105
106    private void AssembleLocalMatrix(Matrix A_e,
107                                     Matrix b_e,
108                                     Element element) {
109
110        for (int p = 0; p < m_integration.NumberOfIntegrationPoints; p++) {
111          for (int q = 0;
112               q < m_integration.NumberOfIntegrationPoints;
113               q++) {
114
115            Integrands(A_e, b_e, element,
116                       m_integration.IntegrationPoint(p),
117                       m_integration.Weight(p),
118                       m_integration.IntegrationPoint(q),
119                       m_integration.Weight(q));
120          }
121        }
122    }
123
124    private void Integrands(Matrix A_e, Matrix b_e, Element element,
125                            double xi, double xi_weight,
126                            double eta, double eta_weight) {
127
128        double jacob11 = 0.0;
129        double jacob12 = 0.0;
130        double jacob21 = 0.0;
131        double jacob22 = 0.0;
132
133        for (int n = 0; n < m_numberOfNodesInAnElement; n++) {
134          jacob11 += dPhi("dXi", n, xi, eta) * element.Node[n].X;
135          jacob12 += dPhi("dXi", n, xi, eta) * element.Node[n].Y;
136          jacob21 += dPhi("dEta", n, xi, eta) * element.Node[n].X;
137          jacob22 += dPhi("dEta", n, xi, eta) * element.Node[n].Y;
138        }
139
140        double detJ = jacob11 * jacob22 - jacob12 * jacob21;
141
142        double invJacob11 = jacob22 / detJ;
143        double invJacob12 = -jacob12 / detJ;
144        double invJacob21 = -jacob21 / detJ;
```

```
145            double invJacob22 = jacob11 / detJ;
146
147            for (int r = 0; r < m_numberOfNodesInAnElement; r++) {
148              for (int s = 0; s < m_numberOfNodesInAnElement; s++) {
149
150                double dPhiidX = invJacob11 * dPhi("dXi", r, xi, eta) +
151                                 invJacob12 * dPhi("dEta", r, xi, eta);
152                double dPhiidY = invJacob21 * dPhi("dXi", r, xi, eta) +
153                                 invJacob22 * dPhi("dEta", r, xi, eta);
154                double dPhijdX = invJacob11 * dPhi("dXi", s, xi, eta) +
155                                 invJacob12 * dPhi("dEta", s, xi, eta);
156                double dPhijdY = invJacob21 * dPhi("dXi", s, xi, eta) +
157                                 invJacob22 * dPhi("dEta", s, xi, eta);
158
159                A_e[r, s] += (dPhiidX * dPhijdX + dPhiidY * dPhijdY) *
160                             detJ * xi_weight * eta_weight;
161
162              }
163              b_e[r, 0] += f(element.Node[r].X, element.Node[r].Y)
164                           * Phi(r, xi, eta) * detJ * xi_weight * eta_weight;
165
166            }
167          }
168
169          private void AssembleGlobalMatrix(Matrix A_e, Matrix b_e, Element e) {
170
171            int boundaryIndex;
172            for (int i = 0; i < m_numberOfNodesInAnElement; i++) {
173              if (Math.Abs(e.Node[i].X - 0.0) < 1e-10 ||
174                  Math.Abs(e.Node[i].X - 1.0) < 1e-10 ||
175                  Math.Abs(e.Node[i].Y - 0.0) < 1e-10 ||
176                  Math.Abs(e.Node[i].Y - 1.0) < 1e-10) {
177
178                boundaryIndex = i;
179                for (int j = 0; j < m_numberOfNodesInAnElement; j++) {
180                  if (j == boundaryIndex) {
181                    A_e[boundaryIndex, j] = 1;
182                  } else {
183                    A_e[boundaryIndex, j] = 0;
184                  }
185                }
186                b_e[boundaryIndex, 0] = 0;
187              }
188            }
189
190            for (int r = 0; r < m_numberOfNodesInAnElement; r++) {
191              for (int s = 0; s < m_numberOfNodesInAnElement; s++) {
```

```
192              int rownum = e.Node[r].Index;
193              int colnum = e.Node[s].Index;
194              m_A[e.Node[r].Index, e.Node[s].Index] += A_e[r, s];
195            }
196            m_b[e.Node[r].Index, 0] += b_e[r, 0];
197          }
198        }
199
200        public Node[] Solve() {
201
202          LUFactorization.Solve(m_A, m_b);
203
204          List<Node> nodelist = new List<Node>();
205          for (int i = 0; i < m_numberOfNodes * m_numberOfNodes; i++) {
206            Node node = m_nodeMap[i];
207            node.Value = m_b[i, 0];
208            nodelist.Add(node);
209          }
210          return nodelist.ToArray();
211        }
212
213        private double Phi(int n, double xi, double eta) {
214          if (n == 0) {
215            return 0.25 * (1 - xi) * (1 - eta);
216          } else if (n == 1) {
217            return 0.25 * (1 + xi) * (1 - eta);
218          } else if (n == 2) {
219            return 0.25 * (1 + xi) * (1 + eta);
220          } else if (n == 3) {
221            return 0.25 * (1 - xi) * (1 + eta);
222          }
223          throw new ArgumentOutOfRangeException();
224        }
225
226        private double dPhi(String der, int n, double xi, double eta) {
227          if (der.Equals("dXi")) {
228            if (n == 0) {
229              return 0.25 * (-1 + eta);
230            } else if (n == 1) {
231              return 0.25 * (1 - eta);
232            } else if (n == 2) {
233              return 0.25 * (1 + eta);
234            } else if (n == 3) {
235              return 0.25 * (-1 - eta);
236            }
237          } else if (der.Equals("dEta")) {
238            if (n == 0) {
```

```
239            return 0.25 * (-1 + xi);
240          } else if (n == 1) {
241            return 0.25 * (-1 - xi);
242          } else if (n == 2) {
243            return 0.25 * (1 + xi);
244          } else if (n == 3) {
245            return 0.25 * (1 - xi);
246          }
247        }
248        throw new ArgumentOutOfRangeException();
249      }
250
251      private double f(double x, double y) {
252        return -2.0 * x * (x - 1) - 2.0 * y * (y - 1);
253      }
254    }
255  }
```

付録A 実行時間の測定

A.1 プログラム内の実行時間の測定

プログラム中の一部のコードの実行時間を計測したい場合には，System.Diagnostics.Stopwatch クラスが便利です。測定するコードの手前で Start メソッドを呼び，測定するコードの直後で Stop メソッドを呼ぶことで測定ができます。結果は Elapsed, ElapsedMilliseconds, ElapsedTicks プロパティで取得することができます。

リスト 38 Stopwatch クラスの使い方

```
.....
using System.Diagnostics;

Stopwatch sw = new Stopwatch();
sw.Start();
..........
sw.Stop();

Console.WriteLine(sw.Elapsed);
```

A.2 異なる言語の実行時間の比較

C# と C++，または C# と FORTRAN というように，異なる言語で書かれた実行ファイル (.exe) の実行時間を比較したい場合もあります。Windows にも perfmon など，パフォーマンスを測定するツールがあるので，市販されているものも含めて

既製のツールを使うことも可能ですが，ここでは.NET の API を利用してプログラムによってパフォーマンスを測定する方法を紹介します。

System.Diagnostics 名前空間の ProcessStartInfo クラスおよび Process クラスを利用することで C# プログラムから別プロセスを起動することができます。リスト 39 のサンプルコードは，測定対象となる実行ファイル名をコマンドライン引数として受け取り，別プロセスとして起動して CPU 時間などを測定します。

リスト 39　実行時間の測定

```
1   using System;
2   using System.Diagnostics;
3
4   namespace ProcessMonitor {
5     class CPUMonitor {
6       static void Main(string[] args) {
7         string argument = "";
8         for (int i = 1; i < args.Length; i++) {
9           argument += args[i] + " ";
10        }
11        ProcessStartInfo info = new ProcessStartInfo(args[0]);
12        info.UseShellExecute = false;
13        info.Arguments = argument;
14        Process p = Process.Start(info);
15        DateTime stime = p.StartTime;
16        p.WaitForExit();
17        DateTime etime = p.ExitTime;
18        Console.WriteLine("User Processor Time : " + p.UserProcessorTime);
19        Console.WriteLine("Total Processor Time: " + p.TotalProcessorTime);
20        Console.WriteLine("Execution Time      : " + (etime - stime));
21      }
22    }
23  }
```

プロジェクト名「ProcessMonitor」というコンソールアプリケーションを新たに作成しています。測定の対象となるアプリケーション名が NumericalSolution.exe であるとすると，コマンドプロンプトに次のように入力することで実行時間を測定することができます。ProcessMonitor に与えられたコマンドライン引数はそのまま測定対象のアプリケーションに渡されるので，測定対象となるアプリケーション

の振る舞いを制御するときに使用できます。

[入力コマンド]

```
>ProcessMonitor.exe NumericalSolution.exe
```

付録B　メモリ使用量の測定

B.1　APIによるメモリ使用量の測定

　実行時間の測定と同様に，System.Diagnostics.Processクラスを使用することでプログラムからヒープの使用状況を監視することができます。リスト40のコードでは，ピーク値のみを出力していますが，実行時間が長時間になる場合には，任意の時間周期でデータを取得することも可能です。

リスト40　メモリ使用量の測定

```
 1  using System;
 2  using System.Diagnostics;
 3
 4  namespace ProcessMonitor {
 5    class HeapMonitor {
 6      public static void Main(string[] args) {
 7        string argument = "";
 8        for (int i = 1; i < args.Length; i++) {
 9          argument += args[i] + " ";
10        }
11        ProcessStartInfo info = new ProcessStartInfo(args[0]);
12        info.UseShellExecute = false;
13        info.RedirectStandardOutput = true;
14        info.Arguments = argument;
15        Process p = Process.Start(info);
16
17        long peakPagedMemorySize = 0;
18        long peakVirtualMemorySize = 0;
19        long peakWorkingSet = 0;
20        while (!p.HasExited) {
21          p.Refresh();
```

```
22          peakPagedMemorySize = p.PeakPagedMemorySize64;
23          peakVirtualMemorySize = p.PeakVirtualMemorySize64;
24          peakWorkingSet = p.PeakWorkingSet64;
25      }
26      Console.WriteLine("PeakWorkingSet         : " +
27          peakWorkingSet.ToString("###,###") + " bytes");
28      Console.WriteLine("PeakPagedMemorySize    : " +
29          peakPagedMemorySize.ToString("###,###") + " bytes");
30      Console.WriteLine("PeakVirtualMemorySize  : " +
31          peakVirtualMemorySize.ToString("###,###") + " bytes");
32    }
33   }
34 }
```

B.2 CLR Profilerの利用

どのオブジェクトがどのくらいヒープを使用しているのかを知るには，「CLR Profiler」が便利です。ガーベッジ・コレクタがいつ動作して，どのくらいのヒープが解放されたかを知ることもできます。「CLR Profiler」を利用するには，マイクロソフト社が無償で配付している，「CLR Profiler for the .NET Framework 2.0」をダウンロードしてインストールします。

CLR Profilerを起動して，「Start Application」を押して，測定対象となるアプリケーションを選択します (図B.1)。

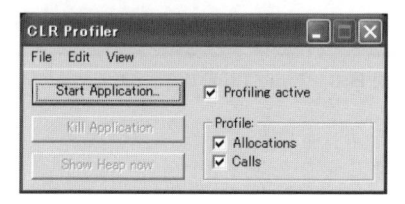

図 **B.1** CLR Profilerの起動画面

しばらくすると，結果画面が表示されます (図B.2)。

例えば，「Time Line」を選択すると時間ごとのヒープの内訳を知ることができます。図の中の線をマウスで左右に移動させると，線の位置に相当する時刻の

ヒープの内訳を見ることができます (図 B.3)。

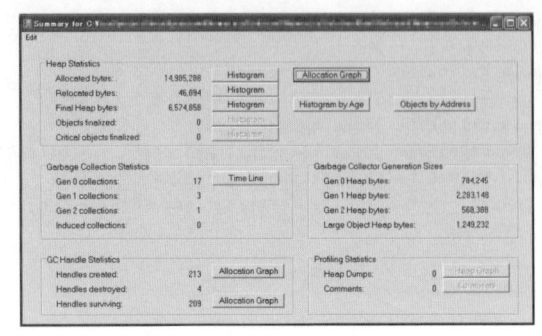

図 **B.2** CLR Profiler の結果画面

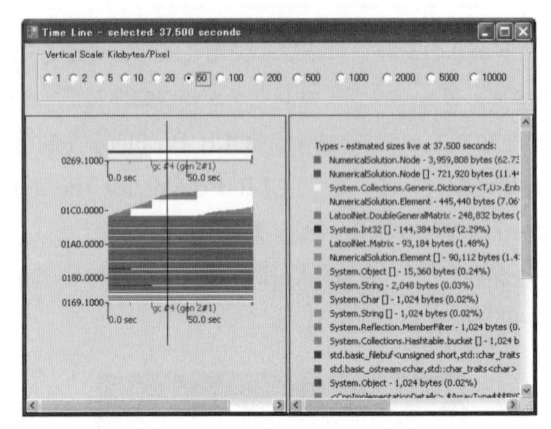

図 **B.3** Time Line で表示される結果の例

付録C　ネイティブ・ライブラリの利用

C.1　CLAPACK の利用

　すでに紹介した CLAPACK(http://www.netlib.org/clapack/) を例に，.NET でネイティブ・ライブラリを利用する方法を説明します。C++/CLI によるプログラミングを行いますので，Visual C++ 2008 Express Edition がすでにインストールされていることを前提とします。

C.1.1　開発環境の設定

　CLAPACK をホームページからダウンロードします。本書執筆時点では，CLAPACK-3.1.1-VisualStudio.zip が Windows 用の最新バージョンですので，このバージョンで説明します。ダウンロードしたファイルを展開し，C:\Program Files フォルダに配置することにします。C:\Program Files\CLAPACK-3.1.1-VisualStudio\INCLUDE フォルダに f2c.h と clapack.h が存在し，C:\Program Files\CLAPACK-3.1.1-VisualStudio\LIB\Win32 フォルダに libf2c.lib, clapack.lib, BLAS.lib が存在することを確認してください。

　Visual C++ 2008 Express Edition を起動し，新規プロジェクト「ClapackNet」を作成します。テンプレートには，「CLR コンソール アプリケーション」を指定します。プロジェクトが開いたらメニューより，「プロジェクト」―「ClapackNet のプロパティ」を選択します。

　プロジェクトの設定を行う「プロパティ ページ」が表示されますので，「構成プロ

パティ」—「C/C++」—「全般」を選択して，「追加のインクルード ディレクトリ」の項目に「C:¥Program Files¥CLAPACK-3.1.1-VisualStudio¥INCLUDE」を指定します (図 C.1)。

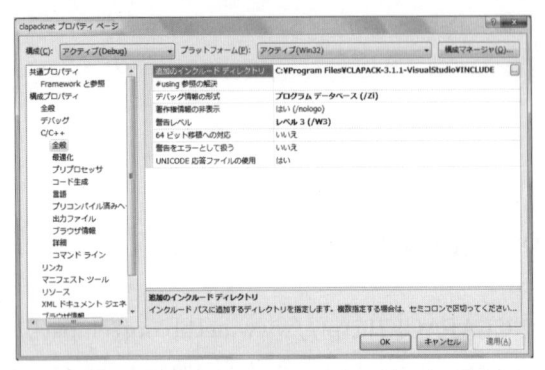

図 C.1 「追加のインクルードディレクトリ」の設定

次に，「構成プロパティ」—「リンカ」—「全般」を選択して，「追加のライブラリディレクトリ」の項目に，「C:¥Program Files¥CLAPACK-3.1.1-VisualStudio¥LIB¥Win32」を指定します (図 C.2)。

図 C.2 「追加のライブラリディレクトリ」の設定

また，「構成プロパティ」—「リンカ」—「入力」を選択して，「追加の依存ファイル」の項目に「libf2c.lib clapack.lib BLAS.lib」を，「特定のライブラリの無

視」の項目に「libcmt.lib」を指定します (図 C.3)。

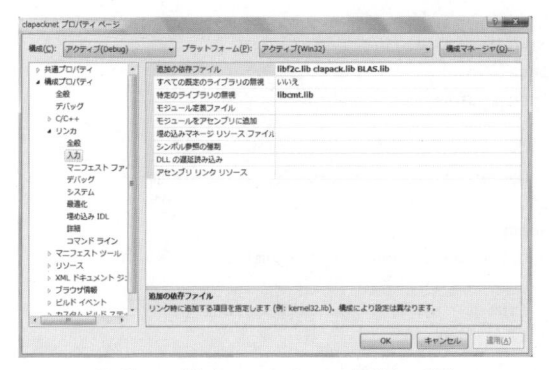

図 C.3　「特定のライブラリの無視」の設定

設定を終えたら，「OK」ボタンを押して「プロパティ ページ」を終了します。

C.1.2　C++/CLI によるプログラミング

CLAPACK により提供される，倍精度浮動小数点型の一般的な行列のための関数を利用して，DoubleGeneralMatrix クラスを定義してみます。ClapackNet プロジェクトに新しいヘッダファイル DoubleGeneralMatrix.h を追加してリスト 41 のコードを記述します。

リスト 41　DoubleGeneralMatrix クラス

```
1   #pragma once
2   extern "C" {
3   #include <f2c.h>
4   #include <clapack.h>
5   }
6
7   namespace ClapackNet {
8     using namespace System;
9
10    public ref class DoubleGeneralMatrix {
11    private:
12      double * a;
13      long * ipiv;
14      int m_rownum;
```

```
15      int m_colnum;
16
17    protected:
18      !DoubleGeneralMatrix() {
19        delete[] a;
20        delete[] ipiv;
21      };
22    public:
23      DoubleGeneralMatrix(int rownum, int colnum) {
24        m_rownum = rownum;
25        m_colnum = colnum;
26        a = new double[rownum * colnum];
27
28        for (int i = 0; i < rownum * colnum; i++) {
29          a[i] = 0.0;
30        }
31        ipiv = new long[rownum];
32      };
33
34      ~DoubleGeneralMatrix(){
35        this->!DoubleGeneralMatrix();
36      };
37
38      property int RowNum {
39        int get() {
40          return m_rownum;
41        }
42      };
43
44      property int ColNum {
45        int get() {
46          return m_colnum;
47        }
48      };
49
50      property double default[int, int] {
51        double get(int i, int j) {
52          return a[j * m_rownum + i];
53        }
54        void set(int i, int j, double value) {
55          a[j * m_rownum + i] = value;
56        }
57      };
58
59      void Inverse() {
60
61        long n = m_rownum;
```

```
      long lda = n;
      long lwork = n;

      double * work = new double[lwork];
      long info = 0;

      dgetri_(&n, a, &lda, ipiv, work, &lwork, &info);

      delete[] work;

    };

    void Factorize() {

      long m = m_rownum;
      long n = m_colnum;
      long lda = m;
      long info;

      dgetrf_(&m, &n, a, &lda, ipiv, &info);
    };

    void Solve(DoubleGeneralMatrix ^ b) {

      char trans = 'N';
      long n = m_rownum;
      long nrhs = b->m_colnum;
      long lda = n;
      long ldb = n;
      long info = 0;

      dgetrs_(&trans, &n, &nrhs, a, &lda, ipiv, b->a, &lda, &info);
    };

    void FactorizeAndSolve(DoubleGeneralMatrix ^ b) {

      long n = m_rownum;
      long nrhs = b->m_colnum;
      long lda = n;
      long ldb = n;
      long info = 0;

      dgesv_(&n, &nrhs, a, &lda, ipiv, b->a, &ldb, &info);

    };
  };
}
```

DoubleGeneralMatrix ができたら，リスト 42 のプログラムで動作を確認します。

リスト 42　Main プログラム

```
 1   #include "DoubleGeneralMatrix.h"
 2   using namespace System;
 3   using namespace ClapackNet;
 4
 5   int main(array<System::String ^> ^args) {
 6
 7     DoubleGeneralMatrix ^ mat = gcnew DoubleGeneralMatrix(3, 3);
 8     DoubleGeneralMatrix ^ vec = gcnew DoubleGeneralMatrix(3, 1);
 9
10     mat[0, 0] = 8.0;
11     mat[0, 1] = -1.0;
12     mat[0, 2] = -4.0;
13     mat[1, 0] = -4.0;
14     mat[1, 1] = 1.0;
15     mat[1, 2] = 4.0;
16     mat[2, 0] = -9.0;
17     mat[2, 1] = -6.0;
18     mat[2, 2] = 4.0;
19
20     vec[0, 0] = -6.0;
21     vec[1, 0] = 10.0;
22     vec[2, 0] = -9.0;
23
24     mat->Factorize();
25     mat->Solve(vec);
26
27     for (int i = 0; i < 3; i++) {
28        Console::WriteLine(vec[i, 0]);
29     }
30     return 0;
31   }
```

C.1.3　C# からの利用

C# から利用できるようにするため，作成したアプリケーションを dll にします。「プロパティ ページ」を開き，「構成プロパティ」—「全般」を選択し，「構成の種類」から「ダイナミック ライブラリ (.dll)」を指定します。指定した後にアプリケーションをビルドすると，出力フォルダに「ClapackNet.dll」が出力されます。

C# のプロジェクトを開き，「参照設定」から「ClapackNet.dll」を選択し，参

照に追加します。リスト 43 の C# プログラムにより行列計算ができていることが
確認できます。

リスト 43 　Main プログラム

```
1   using System;
2   using ClapackNet;
3   namespace NumericalSolution {
4     class ClapackNetDemo {
5       public static void Main() {
6   
7         DoubleGeneralMatrix mat = new DoubleGeneralMatrix(3, 3);
8         DoubleGeneralMatrix vec = new DoubleGeneralMatrix(3, 1);
9   
10        mat[0, 0] = 8.0;
11        mat[0, 1] = -1.0;
12        mat[0, 2] = -4.0;
13        mat[1, 0] = -4.0;
14        mat[1, 1] = 1.0;
15        mat[1, 2] = 4.0;
16        mat[2, 0] = -9.0;
17        mat[2, 1] = -6.0;
18        mat[2, 2] = 4.0;
19  
20        vec[0, 0] = -6.0;
21        vec[1, 0] = 10.0;
22        vec[2, 0] = -9.0;
23  
24        mat.Factorize();
25        mat.Solve(vec);
26  
27        for (int i = 0; i < 3; i++) {
28          Console.WriteLine(vec[i, 0]);
29        }
30      }
31    }
32  }
```

C.2　インテル C++ コンパイラによる高速化

　インテル C++ コンパイラは有償ですが，指定されたプロセッサに最適化されたバイナリを生成するので，実行速度の改善に非常に効果があります。また，マ

ス・カーネル・ライブラリ (インテル MKL) やスレッディング・ビルディング・ブロック (インテル TBB) を使えば，マルチスレッドによる並列化も，スレッドの生成を意識することなく，容易に実現することができます。

プロジェクト全体を C++ で開発すると難易度が高くなってしまう場合が多いのですが，開発効率の高い C# でプロジェクト全体を進めながら，計算負荷が高い部分や，パフォーマンスネックになっている箇所に C++ を部分的に採用することで，開発難易度を抑えながら，高パフォーマンスなアプリケーションを構築することができます。

ここでは，3.9 節で作成した 2 次元拡散方程式のプログラムを C++ で書き直し，インテル C++ コンパイラによってライブラリを生成し，C++/CLI でラッパーを記述することで，.NET ライブラリ化します。Main プログラムは C# で記述するとして，ADI 法のアルゴリズムを C# で記述した場合と，C++ で記述した場合で速度を比較します。なお，インテル C++ コンパイラは日本語と英語版の両方が入手可能ですが，筆者の環境の都合により，本書の説明については英語版で行います。

C.2.1　C++ によるライブラリの作成

インテル C++ コンパイラは，通常の手順でインストールすれば Visual Studio(ただし，Express Edition は除く) に統合されますので，プログラム開発，デバッグの方法については C# と概ね同様です。

インテル C++ コンパイラによる開発を行うには，Visual Studio を起動し，新規プロジェクトとして，Visual C++ のプロジェクトを「Win32 コンソールアプリケーション」のテンプレートで作成します。その後，Visual Studio に追加されている，インテル C++ プロジェクトへの変換ボタンによりプロジェクトを変換します。

ADI 法には行列計算が必要でしたので，インテル MKL を利用して計算することにします。使い方については LAPACK と同じインタフェースですので，インテル MKL のために新たに使い方を覚える必要はありません。開発環境の設定は，プロジェクトのプロパティを開き，インクルードディレクトリ (「Additional Include Directories」) に，インテル MKL のインクルードファイルの格納フォル

ダを指定します．またプログラム中では，boost(http://www.boost.org/) を使用しているので，boost の格納フォルダも指定します．ファイル名を生成しているだけなので，boost を使わない場合は適宜プログラムを修正してください．

ライブラリディレクトリ（「Additional Library Directories」）には，インテル MKL のライブラリの格納フォルダを指定し，依存ファイル（「Additional Dependencies」）に mkl_c.lib, mkl_lapack.lib, libguide40.lib を記述します．最適化オプションを指定する場合には，プロジェクトのプロパティから「Optimization」を選択し，必要な項目を設定します．

今回採用した最適化のオプションは表 C.1 のとおりです．なお，使っている環境によって，最適な設定が違うので，詳しくはインテル C++ コンパイラのマニュアルをご覧ください．

表 C.1 最適化オプションの例

項目	値
Optimization	Maximize Speed plus High Level Optimizations
Favor Size or Speed	Favor Fast Code
Global Optimizations	Yes
Optimize for Windows Application	Yes
Floating-Point Speculation	Fast
Require Intel Processor Extensions	Intel Core TM 2 Duo Processor

コンパイルが完了したら，main プログラムを実行して動作を確認します．c:\nsworkspace フォルダに，C# で実行した結果と同じ結果が出力されていれば正常です．動作が確認できたらアプリケーションの構成の種類（「Configuration Type」）をスタティックライブラリ (.lib) に変更して再コンパイルします．

リスト 44 main プログラム

```
1  #include <fstream>
2  #include <sstream>
3  #include <cmath>
4  #include <boost/format.hpp>
5  #include "CPPDiffusion2DADI.h"
6
7  void PrepareInitialValues(double *, CPPDiffusion2DADI *);
```

```cpp
 8    void Print(CPPDiffusion2DADI *, double *, const char *);
 9
10    int main()
11    {
12      int endCount = 100;
13
14      CPPDiffusion2DADI * sim = new CPPDiffusion2DADI();
15      sim->BoundaryCondition(0.0);
16      sim->NumberOfNodesInX(101);
17      sim->NumberOfNodesInY(101);
18      sim->DeltaX(1.0 / 100);
19      sim->DeltaY(1.0 / 100);
20      sim->DeltaT(0.01);
21      sim->Alpha(0.005);
22
23      double * u = new double[101 * 101];
24      PrepareInitialValues(u, sim);
25
26      for (int i = 0; i <= endCount; i++) {
27        double timeInMiliseconds = i * sim->DeltaT() * 1000.0;
28        std::stringstream buf;
29        buf << boost::format("c:/nsworkspace/cppdiffusion2dadi_%05d.txt")
30          % timeInMiliseconds;
31        Print(sim, u, buf.str().c_str());
32
33        sim->NextStep(u);
34      }
35      return 0;
36    }
37
38    void PrepareInitialValues(double * u, CPPDiffusion2DADI * sim) {
39      for (int j = 0; j < sim->NumberOfNodesInY(); j++) {
40        for (int i = 0; i < sim->NumberOfNodesInX(); i++) {
41          double x = i * sim->DeltaX();
42          double y = j * sim->DeltaY();
43
44          u[j * sim->NumberOfNodesInX() + i] =
45            std::exp(-0.5 * std::pow((x - 0.5) / 0.1, 2.0)
46                     -0.5 * std::pow((y - 0.5) / 0.1, 2.0));
47
48          if (i == 0 || i == sim->NumberOfNodesInX() - 1 ||
49              j == 0 || j == sim->NumberOfNodesInY() - 1) {
50            u[j * sim->NumberOfNodesInX() + i] = 0.0;
51          }
52        }
53      }
54    }
```

```
55
56   void Print(CPPDiffusion2DADI * sim, double * u, const char * outfile) {
57     std::ofstream writer;
58     writer.open(outfile, std::ios::out);
59
60     for (int i = 0; i < sim->NumberOfNodesInX(); i++) {
61       for (int j = 0; j < sim->NumberOfNodesInY(); j++) {
62         double x = i * sim->DeltaX();
63         double y = j * sim->DeltaY();
64         writer << x << " " << y << " ";
65         writer << u[j * sim->NumberOfNodesInX() + i] << std::endl;
66       }
67       writer << std::endl;;
68     }
69     writer.close();
70   }
```

リスト 45　CPPDiffusion2DADI.h

```
1    #ifndef _CPPDIFFUSION2DADI_H
2    #define _CPPDIFFUSION2DADI_H
3
4    class CPPDiffusion2DADI {
5    private:
6      double m_deltax;
7      double m_deltay;
8      double m_deltat;
9      double m_alpha;
10     int m_nx;
11     int m_ny;
12     double m_boundaryCondition;
13     void StepI(double *, double *, int);
14     void StepII(double *, double *, int);
15   public:
16     double BoundaryCondition();
17     void BoundaryCondition(double);
18     int NumberOfNodesInX();
19     void NumberOfNodesInX(int);
20     int NumberOfNodesInY();
21     void NumberOfNodesInY(int);
22     double DeltaX();
23     void DeltaX(double);
24     double DeltaY();
25     void DeltaY(double);
26     double DeltaT();
27     void DeltaT(double);
```

```
28    double Alpha();
29    void Alpha(double);
30    void NextStep(double *);
31  };
32  #endif
```

リスト 46　CPPDiffusion2DADI.cpp

```
1   #include <mkl.h>
2   #include "CPPDiffusion2DADI.h"
3
4   double CPPDiffusion2DADI::BoundaryCondition() {
5     return m_boundaryCondition;
6   }
7
8   void CPPDiffusion2DADI::BoundaryCondition(double boundaryCondition) {
9     m_boundaryCondition = boundaryCondition;
10  }
11
12  int CPPDiffusion2DADI::NumberOfNodesInX() {
13    return m_nx;
14  }
15
16  void CPPDiffusion2DADI::NumberOfNodesInX(int nx) {
17    m_nx = nx;
18  }
19
20  int CPPDiffusion2DADI::NumberOfNodesInY() {
21    return m_ny;
22  }
23
24  void CPPDiffusion2DADI::NumberOfNodesInY(int ny) {
25    m_ny = ny;
26  }
27
28  double CPPDiffusion2DADI::DeltaX() {
29    return m_deltax;
30  }
31
32  void CPPDiffusion2DADI::DeltaX(double deltax) {
33    m_deltax = deltax;
34  }
35
36  double CPPDiffusion2DADI::DeltaY() {
37    return m_deltay;
38  }
```

```cpp
void CPPDiffusion2DADI::DeltaY(double deltay) {
  m_deltay = deltay;
}

double CPPDiffusion2DADI::DeltaT() {
  return m_deltat;
}

void CPPDiffusion2DADI::DeltaT(double deltat) {
  m_deltat = deltat;
}

double CPPDiffusion2DADI::Alpha() {
  return m_alpha;
}

void CPPDiffusion2DADI::Alpha(double alpha) {
  m_alpha = alpha;
}

void CPPDiffusion2DADI::NextStep(double * u) {

    double * u_half = new double[m_nx * m_ny];

      for (int j = 1; j < m_ny - 1; j++) {
        StepI(u, u_half, j);
      }

      for (int i = 1; i < m_nx - 1; i++) {
        StepII(u, u_half, i);
      }

    delete[] u_half;

}

void CPPDiffusion2DADI::StepI(double * u, double * u_half, int j) {

  int n = m_nx;
  int nrhs = 1;
  double * d = new double[m_nx];
  double * dl = new double[m_nx - 1];
  double * du = new double[m_nx - 1];
  double * b = new double[m_nx];
  int ldb = m_nx;
  int info = 0;
```

```cpp
 86
 87     d[0] = 1.0;
 88     du[0] = 0.0;
 89     b[0] = m_boundaryCondition;
 90
 91     double rx;
 92     double ry;
 93
 94     for (int i = 1; i < m_nx - 1; i++) {
 95       rx = (m_alpha * m_deltat) / (m_deltax * m_deltax);
 96       ry = (m_alpha * m_deltat) / (m_deltay * m_deltay);
 97
 98       dl[i - 1] = - rx;
 99       d[i] = 1 + 2 * rx;
100       du[i] = - rx;
101       b[i] = ry * u[(j - 1) * m_nx + i]
102            + (1 - 2 * ry) * u[j * m_nx + i]
103            + ry * u[(j + 1) * m_nx + i];
104
105     }
106
107     d[m_nx - 1] = 1.0;
108     dl[m_nx - 2] = 0.0;
109     b[m_nx - 1] = m_boundaryCondition;
110
111     dgtsv(&n, &nrhs, dl, d, du, b, &ldb, &info);
112
113     for (int i = 0; i < m_nx; i++) {
114       u_half[j * m_nx + i] = b[i];
115     }
116
117     delete[] d;
118     delete[] du;
119     delete[] dl;
120     delete[] b;
121 }
122
123 void CPPDiffusion2DADI::StepII(double * u, double * u_half, int i) {
124
125     int n = m_ny;
126     int nrhs = 1;
127     double * d = new double[m_ny];
128     double * dl = new double[m_ny - 1];
129     double * du = new double[m_ny - 1];
130     double * b = new double[m_ny];
131     int ldb = m_ny;
132     int info = 0;
```

```
133
134        d[0] = 1.0;
135        du[0] = 0.0;
136        b[0] = m_boundaryCondition;
137
138        double rx;
139        double ry;
140
141        for (int j = 1; j < m_ny - 1; j++) {
142          rx = (m_alpha * m_deltat) / (m_deltax * m_deltax);
143          ry = (m_alpha * m_deltat) / (m_deltay * m_deltay);
144
145          dl[j - 1] = - ry;
146          d[j] = 1 + 2 * ry;
147          du[j] = - ry;
148          b[j] = rx * u_half[j * m_nx + (i - 1)]
149               + (1 - 2 * rx) * u_half[j * m_nx + i]
150               + rx * u_half[j * m_nx + (i + 1)];
151
152        }
153
154        d[m_ny - 1] = 1.0;
155        dl[m_ny - 2] = 0.0;
156        b[m_ny - 1] = m_boundaryCondition;
157
158        dgtsv(&n, &nrhs, dl, d, du, b, &ldb, &info);
159
160        for (int j = 0; j < m_ny; j++) {
161          u[j * m_nx + i] = b[j];
162        }
163
164        delete[] d;
165        delete[] du;
166        delete[] dl;
167        delete[] b;
168
169     }
```

C.2.2　C++/CLIによる.NETライブラリの作成

　C++/CLIの役目は，先ほど作成した.libと.NETを橋渡しすることです。したがって，プログラムは至極簡単なものです。C++/CLIのプロジェクトを作成するには，Visual Studioを起動し，新規プロジェクトにより，Visual C++のプロジェクトを「CLRコンソールアプリケーション」のテンプレートで作成します。

プロジェクトのプロパティでは，「追加のインクルードディレクトリ」に，先ほど作成したCPPDiffusion2DADI.h を格納しているフォルダを指定します。「追加のライブラリディレクトリ」には，CPPDiffusion2D.lib を格納しているフォルダ，MKLのlibフォルダおよびインテル C++ コンパイラのlibフォルダを指定します。「追加の依存ファイル」には，CPPDiffusion2D.lib, mkl_c.lib, mkl_lapack.lib, libguide40.lib, libmmd.lib を指定します。

コンパイルが完了したら，main プログラムを実行しC++/CLIでも正常に動作することを確認します。動作が確認できたらアプリケーションの「構成の種類」をダイナミックライブラリ (.dll) に変更して再コンパイルします。こうして得られたダイナミックライブラリは.NET ライブラリなので，C# や Visual Basic でも利用することができます。

リスト47 main プログラム

```
#include "VCPPDiffusion2DADI.h"

using namespace VCPPDiffusion2D;
using namespace System;
using namespace System::IO;

void PrepareInitialValues(array<double> ^, VCPPDiffusion2DADI ^);
void Print(VCPPDiffusion2DADI ^, array<double> ^, String ^ outfile);

int main(array<System::String ^> ^args) {

  int endCount = 100;
  VCPPDiffusion2DADI ^ sim = gcnew VCPPDiffusion2DADI();
  sim->BoundaryCondition = 0.0;
  sim->NumberOfNodesInX = 101;
  sim->NumberOfNodesInY = 101;
  sim->DeltaX = 1.0 / 100;
  sim->DeltaY = 1.0 / 100;
  sim->DeltaT = 0.01;
  sim->Alpha = 0.005;

  array<double>^ u = gcnew array<double>(101 * 101);
  PrepareInitialValues(u, sim);

  for (int i = 0; i <= endCount; i++) {
    double timeInMiliseconds = i * sim->DeltaT * 1000.0;
```

```
27        Print(sim, u, "c:/nsworkspace/vcppadi2d_"
28          + timeInMiliseconds.ToString("00000") + ".txt");
29
30        sim->NextStep(u);
31      }
32      return 0;
33    }
34
35    void PrepareInitialValues(array<double> ^ u, VCPPDiffusion2DADI ^ sim) {
36      for (int j = 0; j < sim->NumberOfNodesInY; j++) {
37        for (int i = 0; i < sim->NumberOfNodesInX; i++) {
38          double x = i * sim->DeltaX;
39          double y = j * sim->DeltaY;
40
41          u[j * sim->NumberOfNodesInX + i] =
42            Math::Exp(-0.5 * Math::Pow((x - 0.5) / 0.1, 2.0)
43                      -0.5 * Math::Pow((y - 0.5) / 0.1, 2.0));
44
45          if (i == 0 || i == sim->NumberOfNodesInX - 1 ||
46              j == 0 || j == sim->NumberOfNodesInY - 1) {
47            u[j * sim->NumberOfNodesInX + i] = 0.0;
48          }
49        }
50      }
51
52    }
53
54    void Print(VCPPDiffusion2DADI ^ sim,
55               array<double> ^ u,
56               String ^ outfile) {
57
58      StreamWriter ^ writer = File::CreateText(outfile);
59      for (int i = 0; i < sim->NumberOfNodesInX; i++) {
60        for (int j = 0; j < sim->NumberOfNodesInY; j++) {
61          double x = i * sim->DeltaX;
62          double y = j * sim->DeltaY;
63          writer->WriteLine(x + " " + y + " " +
64                            u[j * sim->NumberOfNodesInX + i]);
65        }
66        writer->WriteLine();
67      }
68      writer->Close();
69    }
```

リスト48　VCPPDiffusion2DADI.h プログラム

```
1   #pragma once
2   #include <CPPDiffusion2DADI.h>
3
4   namespace VCPPDiffusion2D {
5     using namespace System;
6
7     public ref class VCPPDiffusion2DADI {
8     private:
9       CPPDiffusion2DADI * m_impl;
10    protected:
11      !VCPPDiffusion2DADI() {
12        delete m_impl;
13      }
14    public:
15      VCPPDiffusion2DADI() {
16        m_impl = new CPPDiffusion2DADI();
17      };
18      ~VCPPDiffusion2DADI() {
19        this->!VCPPDiffusion2DADI();
20      }
21      property double BoundaryCondition {
22        double get() { return m_impl->BoundaryCondition();}
23        void set(double bc) { m_impl->BoundaryCondition(bc);}
24      };
25      property int NumberOfNodesInX {
26        int get() { return m_impl->NumberOfNodesInX(); }
27        void set(int nx) { m_impl->NumberOfNodesInX(nx);}
28      };
29      property int NumberOfNodesInY {
30        int get() { return m_impl->NumberOfNodesInY();}
31        void set(int ny) {m_impl->NumberOfNodesInY(ny);}
32      };
33      property double DeltaX {
34        double get() { return m_impl->DeltaX();}
35        void set(double deltax) { m_impl->DeltaX(deltax);}
36      };
37      property double DeltaY {
38        double get() { return m_impl->DeltaY();}
39        void set(double deltay) { m_impl->DeltaY(deltay);}
40      };
41      property double DeltaT {
42        double get() { return m_impl->DeltaT();}
43        void set(double deltat) { m_impl->DeltaT(deltat);}
44      };
45      property double Alpha {
```

```
46        double get() { return m_impl->Alpha();}
47        void set(double alpha) { m_impl->Alpha(alpha);}
48      };
49      void NextStep(array<double> ^ u) {
50        pin_ptr<double> ptr = &(u[0]);
51        m_impl->NextStep(ptr);
52      }
53    };
54
55  }
```

C.2.3 速度の比較

C# のプロジェクトに戻り，作成されたライブラリを参照設定に追加します。リスト 49 は，インテル C++ コンパイラにより生成されたライブラリを利用して 2 次元拡散方程式を計算する C# のプログラムです。C++ では動的な多次元配列が使えないので，double の配列が 1 次元になっていますが，それ以外は，3.9 節で作成した Main プログラムと同じであることがわかってもらえると思います。

リスト 49　VCPPDiffusion2DMain.cs プログラム

```
1   using System;
2   using System.IO;
3   using VCPPDiffusion2D;
4
5   namespace NumericalSolution {
6     class VCPPDiffusion2DMain {
7       static int numberOfNodesInX = 101;
8       static int numberOfNodesInY = 101;
9       static double deltaT = 0.01;
10      static int endCount = 200;
11      static bool outswitch = false;
12
13      public static void Main(String[] args) {
14
15        VCPPDiffusion2DADI sim = new VCPPDiffusion2DADI();
16        sim.NumberOfNodesInX = numberOfNodesInX;
17        sim.NumberOfNodesInY = numberOfNodesInY;
18        sim.DeltaX = 1.0 / (numberOfNodesInX - 1);
19        sim.DeltaY = 1.0 / (numberOfNodesInY - 1);
20        sim.DeltaT = deltaT;
21        sim.Alpha = 0.005;
22
```

```
23        double[] u = new double[numberOfNodesInX * numberOfNodesInY];
24        PrepareInitialValues(sim, u);
25
26        for (int i = 0; i <= endCount; i++) {
27          if (outswitch == true) {
28            double timeInMiliseconds = i * sim.DeltaT * 1000.0;
29            Print(sim, u, "c:/nsworkspace/csvcppadi2d_"
30              + timeInMiliseconds.ToString("00000") + ".txt");
31          }
32          sim.NextStep(u);
33        }
34      }
35
36      public static void PrepareInitialValues(VCPPDiffusion2DADI sim,
37                                              double[] u) {
38
39        for (int j = 0; j < sim.NumberOfNodesInY; j++) {
40          for (int i = 0; i < sim.NumberOfNodesInX; i++) {
41            double x = i * sim.DeltaX;
42            double y = j * sim.DeltaY;
43
44            u[j * sim.NumberOfNodesInX + i] =
45              Math.Exp(-0.5 * Math.Pow((x - 0.5) / 0.1, 2.0)
46                       - 0.5 * Math.Pow((y - 0.5) / 0.1, 2.0));
47
48            if (i == 0 || i == numberOfNodesInX - 1 ||
49                j == 0 || j == numberOfNodesInY - 1) {
50              u[j * sim.NumberOfNodesInX + i] = 0.0;
51            }
52          }
53        }
54      }
55
56      public static void Print(VCPPDiffusion2DADI sim,
57                               double[] u, String outfile) {
58
59        StreamWriter writer = File.CreateText(outfile);
60        for (int i = 0; i < sim.NumberOfNodesInX; i++) {
61          for (int j = 0; j < sim.NumberOfNodesInY; j++) {
62            double x = i * sim.DeltaX;
63            double y = j * sim.DeltaY;
64            writer.WriteLine(x + " " + y + " "
65              + u[j * sim.NumberOfNodesInX + i]);
66          }
67          writer.WriteLine();
68        }
69        writer.Close();
```

```
70        }
71      }
72
73    }
```

図 C.4 は，ADI 法のプログラムを，① C# のみでプログラム，② インテル C++ コンパイラによるライブラリを使用（最適化オプションなし），③ インテル C++ コンパイラによるライブラリを使用（最適化オプションあり），で比較したものです。なお，計算時間に注目するため，測定時はファイル出力を行わないようにしました。

C# のみでプログラムされた場合の実行時間を 1 とすると，最適化オプションを使用しない場合でも実行時間は 0.41，最適化オプションを使用した場合には 0.27 になりました。ADI 法を利用する側の C# のプログラムの変更を最小限にしながら，3 倍以上の高速化が実現していることがわかります (OS=Windows XP Professional，CPU=インテル Core^{TM}2 Duo，メモリ=PC2-5300 DDR2 の場合)。

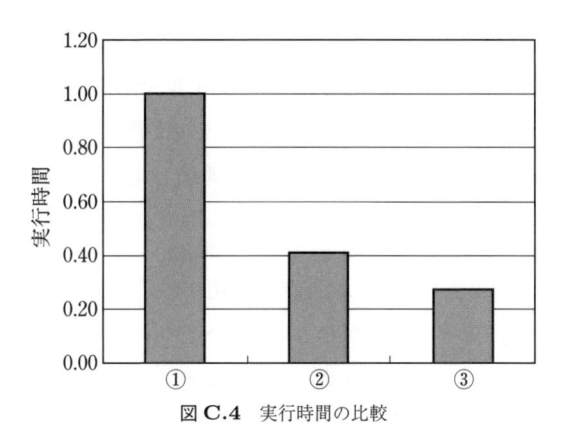

図 C.4　実行時間の比較

なお，インテル C++ コンパイラと統合可能な Visual Stuido のバージョンの組合せ，およびインテル C++ コンパイラの詳細については，正規販売代理店エクセルソフト株式会社 (http://www.xlsoft.com/jp/) に問い合わせください。

付録D　アニメーションのつくり方

アニメーションの作成には，すでにインストールされている gnuplot と，ImageMagick(http://www.imagemagick.org/) を利用します。ImageMagick は GPL 準拠のオープンソースソフトウェアです。本書執筆時点の最新版バイナリ ImageMagick-6.4.4-6-Q16-windows-dll.exe をダウンロードして実行すると，デフォルトでは C:￥Program Files￥ImageMagick-6.4.4-Q16 にインストールされます。

ツールの準備が整ったら，作成の手順です。

ステップ①　時間ステップごとの出力結果ファイルを用意します。
ステップ②　gnuplot により時間ごとのグラフを gif 形式で保存します。
ステップ③　ImageMagick で gif ファイルを連結してアニメーションを作成します。

ステップ①には，3.9 節で出力した結果を使用することにします。ステップ②の gnuplot による画像ファイルへの保存も，1 つひとつ手でコマンド入力するのは大変ですので，バッチファイルを作成し，gnuplot の load コマンドで読み込ませるのが便利です。gnuplot の load コマンドで指定するファイルには，1 行 1 コマンドとなるように記述します。

バッチファイルを作成するプログラムを C# で記述するとリスト 50 のようになります。c:￥nsworkspace フォルダに出力されたファイル名を読み取り，gif ファイルのファイル名と，グラフ化のためのコマンドをファイル (script.txt) に出力します。

リスト 50　gnuplot のためのバッチファイルの生成

```
1   using System;
2   using System.Collections.Generic;
3   using System.IO;
4
5   namespace ScriptGenerator {
6     class Program {
7       static void Main(string[] args) {
8
9         DirectoryInfo dinfo = new DirectoryInfo("c:/nsworkspace");
10        FileInfo[] finfos = dinfo.GetFiles("adi2d_*");
11        List<String> filelist = new List<string>();
12
13        for (int i = 0; i < finfos.Length; i++) {
14          filelist.Add(finfos[i].FullName);
15        }
16        filelist.Sort();
17
18        StreamWriter writer = File.CreateText("c:/nsworkspace/script.txt");
19
20        writer.WriteLine("set pm3d");
21        writer.WriteLine("set view 60.0,320.0");
22        writer.WriteLine("set cbrange [0.0:1.0]");
23        writer.WriteLine("set terminal gif");
24        writer.WriteLine("set size 1.0,1.0");
25
26        for (int i = 0; i < finfos.Length; i++) {
27          String filename = finfos[i].FullName;
28          String giffile = filename.Replace(".txt", ".gif");
29          writer.WriteLine("set output '" + giffile + "'");
30          writer.
31            WriteLine("splot [0:1][0:1][0:1] '" + filename + "' with pm3d");
32        }
33        writer.WriteLine("unset output");
34        writer.Close();
35      }
36    }
37  }
```

スクリプトの実行には，gnuplot 上で次のコマンドを実行します．

```
gnuplot> load 'c:/nsworkspace/script.txt'
```

ステップ③では，c:¥nsworkspace に保存された gif ファイルを ImageMagick の convert コマンドで gif アニメーションにします。DOS プロンプトより次のコマンドを実行するだけです。出力された adi2d.gif はインターネット・エクスプローラなどで再生することができます。

```
C:¥nsworkspace>c:¥Program Files¥ImageMagick-6.4.4-Q16¥convert.exe
adi2d_*.gif adi2d.gif
```

参考文献

1) Chung, T. J., Computational Fluid Dynamics, Cambridge University Press, 2002.
2) Fraser, S. R. G., Pro Visual C++/CLI and the .NET 2.0 platform, Apress, 2006.
3) Golub, G. H. and Loan, C. F., Matrix Computations, Third edition, The Johns Hopkins University Press, 1996.
4) Langtangen, H. P., Computational Partial Differential Equations: Numerical Methods and Diffpack Programming, Second Edition, Springer, 2003.
5) Morton, K. W. and Mayers, D. F., Numerical Solution of Partial Differential Equations, Second Edition, Cambridge University Press, 2005.
6) Ozisik, M. N., Finite Difference Methods in Heat Transfer, CRC Press, 1994.
7) Prata, S., C++ Primer Plus, Fifth Edition, Sams Publishing, 2005.
8) Reddy, J. N., An Introduction to the Finite Element Method, Third Edition, McGraw-Hill, 2006.
9) Troelsen, A., Pro C# 2008 and the .NET 3.5 Platform, Fourth Edition, Apress, 2007.
10) Versteeg, H. K. and Malalasekera, W., An Introduction to Computational Fluid Dynamics: The Finite Volume Method, Second Edition, Pearson Education Limited, 2007.

索引

■ あ

アイソパラメトリック要素　104, 126
アンマネージド　9
一般化固有値問題　117
移流拡散方程式　87
移流方程式　55
陰解法　31, 36, 44
インスタンス　21
陰的スキーム　31
インデクサ　9
打ち切り誤差　26, 47, 54
海の家　1
ADI 法　47
API　136
XNA　10
オイラーの公式　38
オブジェクト指向　21
オペレータ・オーバーロード　9
重み　105
重み関数　100
重み付き残差法　98

■ か

ガーベッジ・コレクタ　9
解析解　2, 37
ガウシアン波　63
ガウス-ルジャンドル積分　105
拡散方程式　3, 70, 116
風上法　56
ガラーキン法　100, 117, 124
幾何へいきん　66
幾何平均　45

基底関数　98, 101, 125
境界条件　28, 31, 40, 66
行列計算　15
局所座標　103
局所座標系　102
近似解　2
QUICK 法　91
クーラン条件　56
クランク・ニコルソン法　36, 39, 42, 44, 72
クロネッカーのデルタ　101
継承　21
減衰　61
厳密解　2
合成関数　126
後退差分　26, 55, 66
コマンドライン引数　136
固有値　117
固有ベクトル　117
コントロール・ボリューム　64

■ さ

最小二乗法　99
座標変換　103, 126
サブドメイン法　100
差分スキーム　28, 37
差分法　25
残差　99
3 重対角行列　19, 32, 47, 106
算術平均　36, 44, 66, 87
CIP 法　63
CAE ツール　2
CFL 条件　56

索引　167

θ-法　36, 39
JNI　9
実行ファイル　135
JIT コンパイラ　10
準備体操　25
条件付き安定　29
上流法　56, 92
振動　63
水中メガネ　8
数値解　2, 37
数値解析　2
数値シミュレーション　2
数値積分　105
成分波　37
積分点　105
積分点数　105
線形結合　98
線形問題　6
前進差分　26, 28, 55, 66
全体座標　103
選点法　100
双曲型　7, 55

■ た _____

台形則　71
対称行列　41
楕円型　6
Douglas-Gunn の方法　54
多項式　46, 101
中間コード　10
抽象クラス　21
中心差分　27, 62
中心差分法　87
調和平均　44, 66
直接法　73
定常状態　6
Dispose メソッド　19
TDMA 法　81
テイラー展開　5, 25, 62, 92
ディリクレ条件　40, 67, 107
デストラクタ　19
デバッグ実行　18
伝熱　3
導関数　3, 25

■ な _____

内積　100
ネイティブコード　10
熱拡散率　6
熱伝達係数　40
熱伝導　3
熱伝導方程式　6, 64
熱伝導率　3, 40, 43
熱流束　3, 40
熱量　3
ノイマン条件　40, 67, 108
ノード　27, 65, 72, 101

■ は _____

発熱　5, 65
パルス波　63
半角公式　38
バンド行列　19
バンド幅　19
反復法　80
ビーチサンダル　1
ヒープ　138
非線形問題　6
非定常状態　6
比熱　5, 43
標準偏差　48
ファイナライザ　19
フーリエ級数　37
フーリエの法則　4
フォン・ノイマンの安定性解析　30, 37
部分積分　100, 124
プロパティ　9, 135
ベースクラス　21
変数分離　116
放物型　7

■ ま _____

マネージド　9
丸め誤差　29, 33
水着　1
密度　6, 43
無条件安定　31, 36, 40, 54
無条件不安定　56

MONO 9

■ や

ヤコビ行列　103, 126
陽解法　36, 37, 44
要素　101

陽的スキーム　28

■ ら

Lax-Wendroff 法　62
連立 1 次方程式　15, 31, 100
ロビン条件　40

【著者紹介】

平瀬創也（ひらせ・そうや）
　学　歴　筑波大学大学院工学研究科博士後期課程中退（2001）　修士（工）
　現　在　横河電機株式会社　半導体開発センター
　　　　　ビーム伝搬法，有限差分時間領域法のシミュレータ開発および
　　　　　光デバイスの特性の計測・解析に従事

C# で学ぶ
偏微分方程式の数値解法　　CAE プログラミング入門

2009 年 6 月 20 日　第 1 版 1 刷発行　　ISBN 978-4-501-54590-1 C3004

著　者　平瀬創也
　　　　ⓒSouya Hirase 2009

発行所　学校法人 東京電機大学　〒101-8457　東京都千代田区神田錦町 2-2
　　　　東京電機大学出版局　　　Tel. 03-5280-3433（営業）03-5280-3422（編集）
　　　　　　　　　　　　　　　　Fax. 03-5280-3563　振替口座 00160-5-71715
　　　　　　　　　　　　　　　　http://www.tdupress.jp/

JCLS <（株）日本著作出版権管理システム委託出版物>
本書の全部または一部を無断で複写複製（コピー）することは，著作権法上での例外を除いて禁じられています。本書からの複写を希望される場合は，そのつど事前に，（株）日本著作出版権管理システムの許諾を得てください。
[連絡先] Tel. 03-3817-5670, Fax. 03-3815-8199, E-mail: info@jcls.co.jp

印刷・製本：東京書籍印刷（株）　　装丁：右澤康之
落丁・乱丁本はお取り替えいたします。　　　　　　　　　Printed in Japan

Javaで学ぶ数値解析	和光システム研究所 著	3150 円
制御・数値解析のためのMATX	古賀雅伸 著	3675 円
Linux・WindowsでできるMATXによる数値計算	古賀雅伸 著	5250 円
非線形問題の解法	桜井 明・高橋秀慈 共著	3045 円

■工科系数学セミナー

フーリエ解析と偏微分方程式 第2版	数学教育研究会 編	2100 円

■新・数学とコンピュータシリーズ

数式処理と関数	片桐重延 監修/飯田健三 著	2100 円
数値計算	片桐重延 監修/志賀清一 著	2205 円

■電気・電子・情報系の基礎数学

I　線形数学と微分・積分	安藤 豊・松田信行 共著	3045 円
II　応用解析と情報数学	安藤 豊・大沢秀雄 共著	3045 円
III　複素関数と偏微分方程式	安藤 豊・中野 實 共著	2730 円

定価は変更されることがあります。ご注文の際は http://www.tdupress.jp/ にてご確認ください。